U0021129

金商道

The positive thinker sees the invisible, feels the intangible, and achieves the impossible.

惟正向思考者，能察於未見，感於無形，達於人所不能。 —— 佚名

別逼貓啃狗骨頭

解破貓世代30個職場行為密碼，反骨員工也能變將才

李河泉 著

目錄

第三章

要未來（FUTURE）——築夢於未來，在無所適從中找出口

第四章　愛自由（FREE）——突破成規，在彈性自主中達成目標

第五章　求速度（FAST）——科技加持，講求速成的結果與答案

第三章

要未來（FUTURE）——

築夢於未來，在無所適從中找出口

第四章

愛自由（FREE）——突破成規，在彈性自主中達成目標

第五章

求速度（FAST）——科技加持，講求速成的結果與答案

第六章 講公平（FAIR）——期待受重視，與人平起平坐

前言　挾著數位力量，喵星人世代不可同日而語

為什麼書名要叫《別逼貓啃狗骨頭》？為什麼要用貓和狗這兩種動物來比喻兩個世代？這可是其來有自。

美國聖地牙哥州立大學（San Diego State University）心理學教授珍．特文吉（Jean Twenge）常年研究代間差異，她在二〇〇六年著作裡稱這群八〇後、九〇後的年輕人為「我世代」（Generation Me）。同時間同樣的觀察也發生在日本，日本作家山本直人在著作《貓型員工的時代》中，把後八〇年代的職場工作者稱為「貓型人」；相對於「貓型人」，是六〇年代、七〇年代時出生的「犬型人」。

要先聲明，貓和狗都是我非常喜歡的動物，之所以用這兩種動物來代表，主要是因為這兩種小動物都受到人們喜愛，而且特徵十分鮮明，讓大家可以一看就懂，絕對沒有任何歧視的含義。

為什麼想寫這本書？

很多人問我為什麼會寫這本書，其實這個想法已經有十年了，主要有三個原因：

（一）你可以說自己不了解，但是別先錯怪這些喵星人。

（二）兩個世代的問題衝突有加大的趨勢，能不能幫助這群年輕人也了解大人在想些什麼？

（三）現在是個「降低權力、提升影響力」的時代，汪星人也該學學「帶人帶心」的技巧了。

過去我一直以為自己很了解年輕人，在銀行工作將近二十年，曾經帶領過的年輕人就逾千人。

離開銀行十三年，走訪各地扮演企業顧問和訓練講師，大量談到領導管理的課題，近年來主管最常來問的一句話就是：「老師，年輕人現在為什麼變成這樣？」

剛開始我還不以為意，覺得「上一代嫌棄下一代」是正常的事情，可是我慢慢發現今世代的這個問題比過去更嚴重，因為過去不論怎麼衝突，最終的結果「下一代還是得屈服在上一代的權力之下，最終只得乖乖認命配合」。

但是如今已經斗轉星移，年輕人已經不再認命，甚至如同本書裡所說的，挾著科技和網路等新權力的出現，這群年輕的喵星人世代已經不可同日而語，甚至慢慢和過去的汪星人平起平坐，甚至成就猶有過之。

我在課堂上最常說的一句話就是：「過去我們把年輕人關進房間，他就『隔絕』了世界。現在把年輕人關進房間，他就『展開』了世界。」

過去在權力的體制下，年輕人永遠是弱者，但是未來可能發生的狀況是，大人將變成弱者。越來越可能發生的趨勢是「大人將慢慢玩不過孩子」！

近年來我在企業授課的過程中，最焦急的一件事情，就是無論是多麼有規模的公司，對於這些年輕世代的衝擊，仍然用高度保守的態度，甚至仍然想運用權力的優勢，將年輕人製造的問題壓制、消滅於無形。

在這樣壓制的過程中，造成雙方的對立越來越嚴重，年輕人運用對科技的了解與法律保護的認知，慢慢形成一種「和大人抗衡的力量」。

雖然我是權威世代出來的人，但是我最不希望的就是世代對立（更何況，形勢似乎不站在大人這邊）。我必須承認，近幾年來企業對於邀請我去講授有關「如何帶領新世代」的機會越來越多，觀察到的隔閡也越來越大。

許多企業搜尋我的資料，知道我曾經帶過大量年輕人，目前還在大學授課，而且連家庭管理子女都會運用ＫＰＩ技巧等等背景，希望我來「教主管們怎麼搞定這些年輕人？」

我很想告訴這些公司主管們，年輕人已經無法「被搞定」，只能「被了解」。請看看你我周遭的家庭，大部分的家庭，究竟是子女被搞定？還是爸媽被搞定？

如果每個家庭都已經淪陷，企業究竟還有多少勝算？

上課時我常常問企業的主管們：「你現在看到的年輕人，都是家庭教養出來的，你覺得他們不夠乖巧聽話；你自己的子女，也將是下一批進入職場的年輕人。你確定自己的子女進入職場，會比較乖巧聽話，不像這群年輕人？」

課堂上的主管都猶豫了，急著問我：「老師，那該怎麼辦？」

與其課堂上不斷講解，那麼，就把想法寫成書吧，希望能夠讓更多的主管們看到。

其實想寫這本書很久了，但是今年能夠完成並出版，絕非八股，真的是「天時、地利、人和」的關係。

所謂的「天時」，指的是遭遇新冠肺炎，為了配合防疫措施，充分把握深居簡出能夠動筆的時間。再談到「地利」，是因為今年和商業周刊合作CEO學院課程的關係，近水樓台，乾脆雙軌並行。至於「人和」，早在三年前，就曾經向城邦媒體集團首席執行長何飛鵬先生請益，有了本書的發想，今年受到商周主筆單小懿的激勵，協助討論出大量案例，才終於能夠將我在上課中面對實際案例，彙整提出的解決方案，變成文字呈現給大家。

過去我是權力的服膺者，總相信權力能解決一切，但是對目前的喵星人已經不再有用，那麼主管該如何放下權力，提升影響力呢？

為了便於大家吸收，在書內我將喵星人的行為歸納為五個F，分類成三十個關鍵行為密碼，找出三十個破框，研發九十個交心攻略，希望兩代學習後能夠雙贏，這才是我寫本書最大的目的。

第一章——

跨世代的鴻溝來臨

1

新舊世代的差距：貓型和犬型為何不對盤

在企業幫主管授課這麼多年，近幾年最常被問到的一句話就是：「老師，現在的年輕人為什麼變這樣？」

老一輩和新一代的想法不一樣，自古以來就是如此，所以一開始我不以為意，但是當我認真去研究「為什麼變這樣？」的時候，卻發現答案可能不是我想得這麼簡單。

描述一個目前常見的場景：

時間接近業績結算的月底，公司內部的氣氛稍微嚴肅了起來，Ａ部門主管王經理剛開完主管會議，面色憂愁的回到部門，想到剛剛被老闆修理，原因是這個月只剩下五天，但是業績還差一半。

王經理回到部門先碰到同仁冠冠。冠冠的業績恰巧也差了一半，王經理希望曉以大義，請冠冠也加個班，趕緊利用剩下的這五天加把勁，衝出成績。

沒想到冠冠的回答是：「經理，我已經盡力了，業績做不到，很多原因不在我身上，為什麼只找我？其他同事不用負責嗎？你現在才說要加班，下了班就是我的時間，晚上我還有很多事情要做，我的人生又不是只有工作……」

王經理回到辦公室，心情不但沉重還完全想不透：這群年輕人的想法怎麼會是這樣？

過去的自己在公司任勞任怨，上面說什麼就做什麼，根本不敢有任何自己的想法，現在不但意見一大堆，而且還振振有詞。

當年自己如果業績做不到，就趕快先自我反省，急著想辦法彌補，並且先向主管道歉。怎麼可能會主管提醒我之後，還說這麼多藉口。

再來是加班的問題，過去自己只要事情沒有完成，根本不敢離開辦公室，不管做到如何的天昏地暗，完成之後才敢下班。為什麼現在這些人只重視自己的權益，都不想想自己的義務？

王經理困惑的同時，另外一邊的場景則完全不同。

冠冠準時下了班，趕往和同學約好的熱炒店，一邊吃飯，一邊忍不住抱怨公司：「你們知道嗎？我的主管很奇葩，明明擔心業績做不到，也不會早點來幫助我們，只會到月底了才找麻煩。我把該做的做完，準時下班，也幫公司節省加班費。我的主管偏偏還會找些奇怪的理由要求我們留下來，自己家庭不溫暖，難道就不在乎別人的時間嗎？我是來上班的，不是來賣命的！」

現場的大家你一言我一語，大表贊同冠冠的想法，紛紛開始數落起自己的公司……

其實以上的場景，如果從老一輩和新一代的觀點來看，兩邊都沒有錯。

王經理認為年輕人應該顧全大局配合加班，任勞任怨，不該對主管有意見，有錯應該先反省，不應該找這麼多藉口，事情做不到應該趕快彌補……

冠冠認為，部屬業績做不到，主管當然應該幫忙，而且應該提早說，下了班就是自己的時間，事情有做就好，為什麼這麼愛嘮叨，領多少錢做多少事……

兩個世代的價值觀放在一起，看起來南轅北轍、大相逕庭，當然會發生衝突。雙方並非不想把事情做好，只是過往經驗的影響，造成目前對工作的態度有著認知上的差異。

要了解價值觀為何相差這麼大，我們不妨先了解這兩個世代的定義和形成背景。

2 貓型與犬型世代的定義

要簡單了解老一輩和新一代的個性，其實不妨從兩種可愛造型動物來做比喻，牠們就是受到一般大眾喜愛的小狗和貓咪。

這兩種可以說是人類最喜歡的動物，但是個性和特徵明顯的有所不同。老一輩的可以稱之為「犬型世代」，就像小狗一樣，也可以稱「汪星人」。新一代的可以稱之為「貓型世代」，就像貓咪一般，現在大家也習慣稱「喵星人」。

犬類的特性是忠誠、聽話、活潑好動、配合度高，習慣當主人的小跟班，以主人的意見為意見。

貓類的特性是有想法、自我、有主見、傲嬌、不愛社交，重視自己的領域性，性格安靜又冷漠，以自己的意見為意見。

反映在工作上，兩個世代呈現的價值觀更是明顯的有所不同。

●犬型世代：

（一）習慣以工作為重，可以從早上七點工作到晚上九點。

（二）配合公司需求，主管一句話，隨時都能加班。

（三）工作穩定度高，進入公司幾乎就不想隨便換工作，甚至希望一路做到退休。

（四）重視團隊，把自己當做一顆小螺絲釘。也有責任感，沒做完事情，絕對不下班。

●貓型世代：

（一）重視自我，希望在公司能得到自己想要的東西，萬一沒有也可能毫不留戀。

（二）認為工作不是唯一，從早上九點工作到晚上七點。

（三）享受下班時間，習慣準時下班，享受自己的空間和生活。

（四）與其付出一切去爭取升遷或加薪，更重視個人的自由和空間。

光看特質，便可知道犬世代、貓世代南轅北轍、大相逕庭。平常養寵物的人便知道，貓、狗習性差異太大，養在一起，常讓主人傷腦筋。如果單純的寵物都容易產生衝突，更何況是更加複雜的人呢？

至於這兩代的習性為何相差如此之大，當然和從小到大的環境造就有關，接著就來看看兩個世代的形成背景。

3 兩個世代的形成背景

為什麼兩代的價值觀相差這麼多呢？主要是和成長的環境背景、形成的經驗有關。

如果以一九九〇年代前後（民國八十年）做個簡單分界：

俗稱「四、五、六年級」的犬型世代，生長在威權體制的時代，從小尊重傳統的倫理體制，很習慣來自於父母與長輩的要求，認為聽話是天經地義，上面有要求，底下就應該服從。委曲求全也是為了顧全大局，讓國家與社會更好。

自由民主的觀念在那個年代只是個傳說，年輕人幾乎不敢有自己的想法，只要挑戰，就會有不可預測的打壓，也造成這個時代的年輕人長大之後，仍然維持著高度聽話和配合的傳統，將聽話視為理所當然。

而八年級（九〇後）出生的貓型世代，有著得天獨厚的生活環境，全世界的局勢越來越穩定，除了局部地區的零星炮火外，幾乎沒有大型的戰爭，社會越來越進步，人們的經濟條件也越來越好。

在這個相對穩定時代出生的孩子相當幸福，大多數不再需要協助負擔家中的經濟狀況，而且和過去比較起來，父母有更多時間可以照顧，再加上少子化的趨勢，父母自然將這群寶貝捧在手心呵護，年輕人也順其自然的承接父母在家庭中心的角色，父母的降格以求，讓孩子地位不自覺上升，也塑造了孩子自我中心的意識，養成習慣從自己的角度去看周遭的任何事情，造就了喵星人「朕即天下」的觀點。

4 為何汪星人會養出喵星人

其實在生物學的立場，狗本來就不可能生出貓，但是現在狗為什麼會養出了貓？的確有幾個關鍵性的因素值得探討。

我在許多企業課程談到這兩個世代的不同時，許多主管總認為現在的年輕人會變這樣，都是父母寵壞孩子的結果，其實這個角度只說對了一部分。

因為自古以來，父母疼愛孩子就是天經地義的事，只是在過去的社會中，父母必須把許多心力拿來配合大環境，工作以外的時間有限，又要分配在眾多的孩子身上，諸多條件限制了父母分享的愛。

近年來由於時空背景的演進，犬型父母傾全力養出來的年輕人，竟然有了貓的習性。除了父母給予愛的時間和濃度比例越來越高之外，還有兩個重要的原因和條件：（一）顛覆局勢的科技環境、（二）寬容解讀的人本理念。

顛覆局勢的科技環境

科技的發達和文明的進展，目前的世界，幾乎是人類有史以來最便捷的世界。世界變得飛快，唾手可得的最新科技，對誰比較有利？

千禧年後的網路和科技大躍進，老一輩的犬型世代，只能算是數位的新住民，對新的科技幾乎必須從頭摸索。

可是年輕人就不同了，他們幾乎一出生就接觸網路科技，每天周遭充斥著聲光色彩，小時候即使沒人教竟然也會使用3C產品，在「科技始終來自於人性」的產品走向下，年輕人可以說是數位科技的原住民。

大多數的人沒有留意到，這些數位原住民憑藉著擅長科技，竟然慢慢顛覆了過去上下之分的傳統位階。

傳統的社會企業和家庭型態，都是年齡大和地位尊的長者擁有較多的權力，掌握著絕對的資源，年紀輕和位階低的年輕人只能慢慢從基層做起，才能逐漸享有位尊者賦予的地位。

沒想到，科技和網路改變了資源的分配，年輕人相對於過去的年長者來說，反而更快速掌握這些網路和科技帶來的新權力，出現有別以往的新興產業（例如：新創公司）。近幾年，他們在大人不知不覺下受到重用，地位快速上升，甚至在某些部門被賦予重任（例如：網路部門或數位行銷），取得和年長者平起平坐的地位和資格。

一夕之間，過去大人常掛在嘴邊上的「成功不是一步登天」、「一步一腳印」、「戲棚下站久了，就是你的」等等傳統觀念突然出現新的可能，甚至被某些年輕人解讀為「幹話」，這在在改變過去傳統的局勢。

寬容解讀的人本理念

大家都知道子女受到父母的影響是最早也最大的，而父母又難免受到社會氛圍的影響。

喵星人的出現，和八〇年代後期台灣解除戒嚴、社會風氣開放有關，許多父母因為感受到「好日子要來了」，慢慢放下心防，解除了對子女要求的武裝。加上社會各界紛紛提出教改訴求，許多民間教改團體引進所謂「先進的」國外教育理念，包括「人本主義」和「愛的教育」，這些理念雖然新穎，但是有的必須考量教育環境素養，有的必須輔以配套措施，有的甚至必須先教育父母，驟然引進台灣，許多父母在不完全了解的情況下，開始接受「尊重孩子」、「以人為本」、「不該體罰」、「不給壓力」的片面觀念。

上述這些觀念的出發點並沒有錯，重點在於「究竟該如何運用」？我曾經寫過的一篇文章〈長大後的態度，就是小時候的教養〉（收於本書末結語）提到：「請千萬記得『碰到就要教』，別因為疼惜孩子的『寬容』，慢慢的變成不斷退讓底線的『縱容』。」

人本主義特別強調人的正面本質和價值，強調自我實現。可惜的是，大部分的父母都沒有學過「如何正確的幫助孩子自我實現」。

自我實現的前提是「尊重」，但是許多父母誤認就是不管孩子說什麼，都完全相信並且配合，不但放棄了可以了解孩子的機會，這反而可能變成「放縱」。

真正的「尊重」，應該是在父母和孩子出現觀念不相同的時候，不要以過去權力式管理的方法先打壓或否定孩子，而是在了解孩子真正的想法後，即使不符合父母原本的期待，也願意傾聽並且協助孩子完成他的想法。

父母的教養就像一座天平，天平的一端一定是「愛」，另一端應該是「紀律」。「愛」可以幫助孩子維持健全的心理成長，「紀律」可以幫助孩子練習要求自己配合他人，在未來的團隊互動中更加融入並且有所體會。

父母千萬別給予「自以為是的愛」，物質的滿足度再高，一旦價值觀出現了偏差，孩子未來受到的傷害將無法想像。父母給予一輩子受用的正確態度，才是給孩子真正的財富。

大多數父母的教養技巧，來自於過去自己的父母，然而受惠於科技的幫助，孩子的程式不斷在更新，但是父母的教養程式並沒有隨之更新。現階段的父母隨時更新自己的教養程式，才是對孩子最棒的一件事。

5 從5F了解與驅動貓型世代

前面說了這麼多，能不能歸納出一些貓世代特質，提供犬世代因應之道，讓傳統犬世代了解該如何驅動這群新興的貓世代呢？

許多汪星人專家都習慣從自己和子女的互動經驗，以及觀察周遭的年輕人，來評價這群貓世代。這樣的做法沒有不對，只是有可能以偏概全，失之偏頗，對喵星人並不公平，也加深了兩方的誤會。

我認真思考過該如何進行比較深入的觀察，即使我過去在銀行負責的是年輕人偏多的消費金融業務，接觸上千位年輕人，有不少近身觀察的機會。但是如果真的想了解「進入職場前的年輕人」，還是必須向校園取經。

近十年來我排除萬難，抽空回到大學兼課，一開始只是為了分享自己的經驗，但是近年來學生觀念的變化越來越大，前五年還能用的手法，近五年必須不斷更新才能驅動這群學生。

赴大學前兩年教的學生乖巧有禮，不會因為我只是個講師而不尊敬我，這兩年學生做自己，不會因為我是副教授而特別願意甩我。

也因此，近五年我開始認真觀察這群喵星人，並且歸納出貓世代比犬世代明顯的關鍵行為，剛好是五個 F 開頭的英文字，分別是：重感覺（FU）、要未來（FUTURE）、愛自由（FREE）、求速度（FAST）、講公平（FAIR）。

第一個 F——FU（重感覺）

喵星人希望做自己，做任何事情都要有感覺，沒有感覺的事不用浪費太多時間。雖然工作是應該的，但是喵星人要知道工作的意義在哪裡，汪星人希望年輕人從壓力中學習，但是喵星人想先知道值不值得？而且覺得別人不該不斷壓榨他們，因此會優先爭取自己的權利。

喵星人認為事情有做就好，為什麼主管總是愛雞蛋裡挑骨頭，上班待很晚就是好的嗎？工作的重點應該在 CP 值，而且工作不該只是唯一，自己又不是簽賣身契，下了班還有更多好玩有趣的事情呢！

第二個F——FUTURE（要未來）

和汪星人比較起來，喵星人從小生長環境相對無憂，不容易感覺到未來的壓力，讓他們在內心更認為應該有「自己希望的未來」，覺得打造未來應該被支持，甚至該被優先考量，這也是犬世代很羨慕的地方。

喵星人從小被培養公民意識，積極參與社會議題。也被給予很多個人專有的時間和專屬的地位，習慣接受大量的肯定，因此認為自己與眾不同，能夠做些和別人不一樣的事情。

再者，喵星人對於眼前碰到的小事都會在意，好比ＩＧ和臉書上的評價、按讚數，但是什麼才是他們心目中強烈企圖的大事？就不一定了。

汪星人過去習慣了「一步一腳印」，喵星人會認為這種模式太不知變通，現在有大量懶人包，為什麼要花那麼多時間去研究「將來未必有用」的學問。

為了追求自己的未來，大多數喵星人很少願意堅守在同一個職位，或是忠實待在同一家公司，他們會優先以滿足自己希望能得到的內容為前提。

第三個F——FREE（愛自由）

喵星人從小習慣有自己的空間，可以無拘無束做自己的事，不像汪星人從小因為和家人擠在一個房間，必須學會忍讓彼此。

汪星人也因為曾經遭遇的辛苦，普遍希望小孩能夠「在沒有壓力和快樂的環境中成長」。由於待在沒有壓力的自由自在環境久了，造就了喵星人不願意受到干涉的習性，自己希望掌握事情的進度，不喜歡別人催促，而且事情如果無法順利完成，很容易檢討外在環境的不能配合，比較少優先思考是不是自己的問題。

對於工作內容的順序，比起配合公司的期待，更重視自己的判斷，會希望別人也能配合自己，優先做自己想做的事情。

第四個F——FAST（求速度）

汪星人在年輕的時代，由於生活貧乏和資源稀少，只能「等待」和「忍耐」，也因如此，對待這群喵星人就希望能夠「即時滿足」小孩，別讓他們過「等待難熬」的生活。造成年輕人越來越習慣ＡＳＡＰ（As Soon As Possible，盡快、越快越好），今天的要求馬上就應該要有結果。

加上科技的進步，「一步一腳印」不再是絕對的真理，快速成功的案例越來越多，喵星人覺得疑惑：「世界有這麼多選擇，為什麼大人總要我堅持現在做好不可？做不好再換就好了嘛！」

許多過去需要費時完成的事情，目前都可以一次到位：

- 有了速食就不必花這麼久煮一餐飯。
- 有了高鐵就不必坐這麼久的客運。
- 有了網路就未必要到公司上班也可以賺錢。

喵星人生活在前所未有的便利世界，很容易快速得到結果，即使少了一些咀嚼思考和沉澱感受的機會，他們也不以為意。

第五個F——FAIR（講公平）

喵星人出生的世界，可以說是人類有史以來最幸福的環境，民主意識及平權概念越來越普遍。

喵星人從懂事開始，就受到汪星人的疼愛和尊重，甚至因為少子化而捧在手心上。家庭的權力核心開始移轉，相對於過去傳統的上尊下卑，父母開始自願性的下放權力，造成喵星人地位快速上升。從小就有兩大權力是汪星人所沒有的，第一個權力是「決定權」，家庭的許多事項，父母會因為「尊重」而「請示」子女，並且以子女的決定為依歸。第二個是「否決權」，子女堅持不願意做的事情，家長寧可犧牲自己，幾乎都會配合。

喵星人在這樣「平起平坐」的環境中成長，從小就維持著強烈的自尊心，也習慣了受人尊重，這樣的觀念長大後自然帶進職場裡。

許多汪星人看不慣喵星人的行為，每次在課堂上，主管們就會你一言我一語，講出他們認為年輕人很糟糕的地方（當然是從權力結構往下看的角度問密碼。

題），我統計出多年來這些汪星人最在乎的缺點，歸納出喵星人三十大職場行為密碼。

為了呈現主管們在課程當時的主觀用詞，我沒有多加修飾，但是為了平衡報導，也在每個行為密碼底下，用紅色對應出喵星人的內心觀點。

以5F為架構的三十個行為密碼，在接下來的文章裡逐一解讀，並且提出具體可行的因應之道，真正的目的不是誰要控制誰（其實書中有很多希望汪星人自我調整的觀點），主要是希望讓兩個世代漸趨融合，犬型世代和貓型世代彼此了解，創造更友善、幸福、有競爭力的工作環境。

第二章——

重感覺

職場氣氛好壞，攸關繼續工作的動力

1 做自己→←我是我，沒有人可以要我改

我有個客戶是最近很夯的外送業，最近遇到一個頭痛的問題。公司的外送員平均年齡不到三十歲，他們在網路上發現其他同業的外送員不用上班打卡，認為自家公司打卡限制上、下班時間，不自由、不彈性，於是向公司吵著比照辦理。

外送員的高流動率向來是外送業最頭大的問題之一，現在外送公司一家一家開，網路上「靠北訊息」也多，各家的工作、福利條件就在網路上流傳。原本沒得比較也沒得挑，現在媒體報導提到有的外送員因為可彈性接單，月薪可衝到五萬、十萬，出現比較對象，外送員的人心思變。

一開始，主管試著曉以大義，與外送員溝通：「公司聽到你們的聲音，現在競爭激烈，請共體時艱，以大局為重。」外送員的答覆是：「干我屁事！請問誰體諒我們的學貸、房租？不要和我講你們那些幹話。」

外送員爭取福利、要求自由的聲量越來越大，並且對主管放話，如果結果

不滿意，他們不排除集體離職。「我不要做這種穩定的工作，我要去兼職，收入有機會更高，又比較自由，」外送員如此說，雙方僵持不下。

河泉老師破框

一九六〇、一九七〇年代的人是「我們世代」（Generation We），「我們世代」會考慮團隊、考慮眾人。相對的，一九八〇、一九九〇後出生的人叫做「我世代」，「我世代」有三項特徵：（一）不求他人贊同、追求自我價值；（二）會用專業完成工作，但對企業沒有忠誠度；（三）成為自己想要的，而非追求社會認同的遠大志向。套句流行語，便是「做自己」。放到職場上，工作對年輕人真正的意義，不是賺錢養家求生存，而是實現自我夢想。

假設公司有一個職位，以前找工作是符合這個職位的人進來，完成這個職務分內的事情，但現在是這個職位看起來是我想要做的事情，我來做做看，重點是實踐我自己夢想，而不是幫公司完成工作。這兩個出發點不一樣，端看從哪個角度著眼，犬型世代會考慮「我們」，要幫公司完成希望的目標，貓世代的想法是「我」，工作是來實現夢想。所以一旦出現工作的衝突，貓型世代會毫不眷顧的離去。

如果你問他們為什麼要走？他們會說這個工作和我想的不一樣，如果你進一步問他們：「你想做什麼？」年輕人的回答會是：「我也還在想，可是我就是不喜歡這個。」貓世代「做自己」的價值觀就是：「不喜歡這個，但不知道自己要什麼」。

「做自己」純粹憑感覺，我是做自己開不開心、爽不爽、高不高興，至於會不會傷害到其他同事？會不會沒人做就開天窗？這都不在考量範圍內。因為他們重視的是感覺而不是理性，所以你不讓我做自己，我就走人。

讓貓世代心甘情願做事的訣竅

回到上述外送業客戶的例子，他們面對的問題正是「年輕人要求做自己，你不讓我做自己，我就不理你」。我的解法是，「要治本」就是去研究：真的不上班打卡同樣能達到績效的方法，而且「要讓貓世代員工講出自己能接受的做法」，否則不是他們自己說出來的方法，絕大多數到後來都會不了了之，為什麼？因為不是部屬心甘情願想要做的事，他們不會服從規定。到底要怎麼做？

第一招，破除對貓世代的成見，打破過去固定的傳統觀念。

所有的犬型主管，請先在心裡埋下一個基礎觀念：「別逼貓啃狗骨頭」。

犬型主管請先捫心自問：貓型員工是不是越來越多？帶領的衝突是不是越來越多？是不是一個不得不面對的未來？是的。那麼不好意思，你就要改。打破既定印象，也就是拿掉對貓世代部屬既定成見。前述客戶的例子裡，貓世代員工要求不打卡，請問未來上下班準時打卡是不是績效的唯一考量？犬世代要開始學習先接受：打卡變成不打卡，也並非不行。

第二招，耐心溝通，但讓貓世代部屬自己找解方。

假設我現在是區經理，會先把這一大群人集合起來說：「你們覺得不該打卡，過去的制度是不允許的，所以你們如果不想打卡，我們就要討論一個不打卡但達到績效的做法，如果你們討論出結論，我就呈報給老闆。」如果這些人同意，我會設定他們在兩個小時內討論一個「讓我能對上面交代、也滿足你們」的方法，這兩個鐘頭的討論，讓他們充分發洩，不能悶住他們。記住，過程再怎麼看不慣，一定要忍住，只聽不說。

討論出來的結論，可以試行三個月，如果三個月內用部屬的方法做不出績效，就要回到舊制。主管不要前兩個月沒有效，就急著回到原本的打卡方式；如果沒到期就恢復原來的體制，會引發部屬抗議，所以一定要做滿承諾的三個月。這時候年輕人反而會想盡辦法，怎麼在不打卡的情況達到，證明他們的方法有效。

第三招，主管練習閉嘴一百二十秒。

主管除了耐心以外，無論討論或試行，過程中絕對不要回歸到傳統的觀點去下指導棋。你要忍住，不要又開始講讓年輕人受不了的「主管幹話」，或是嘮叨那些不切實際的內容，很容易造成破局。

我自己就寫一張便箋貼在電腦上：「閉嘴一百二十秒」，同樣的內容我也放在手機桌面和電腦的螢幕保護程式。同仁來找我講話，我看到便箋、手機桌面或螢幕保護程式，才會不斷提醒自己：「讓對方去說完與做完」。你如果不閉嘴聆聽，部屬一定化明為暗抗拒公司，沒有好處。

跨世代交心攻略

面對貓世代部屬「你不讓我做自己，我就不理你」，該如何破解？

❶ 破除對貓世代的成見，打破過去固定的傳統觀念。

❷ 耐心溝通，但讓部屬自己找解方。

❸ 主管練習閉嘴一百二十秒。

2

自我感覺良好↓↑我只是爭取權利，大人哪懂啊

最近有個外商找我上「危機管理」的課。

這家外商在二〇二〇年於全球開始施行新的福利政策，因為當中福利有增有減，引起年輕同事不滿。有位不滿的同事並未挑明和直屬主管表達意見，而是直接發信給總部執行長，陳述公司內發生的事，以及認為這樣帶來的不公平現象。

總部對此大為重視，層層指令傳達給台灣分公司，請台灣分公司正視此事。通知最後到這名年輕同事的主管時，該主管才發現：他根本不知道部屬做了這件大事，自己是最後一個知道的人！

犬世代主管奉命找這名貓世代部屬溝通，設法處理與平息這件事，同時要避免公司內部日後再出現類似狀況，他該怎麼做？

河泉老師破框

犬世代主管的想法是：這叫越級報告！對公司的政策有意見、想要反映，沒問題，但是要循正常管道申訴，起碼也該先和直屬主管討論一下吧……這是職場的基本禮儀。現在公司高層從上交辦下來，然後身為主管的我，竟然不知道部屬在做什麼，在高層面前實在很沒面子！

貓世代部屬的想法是：寫電子郵件是我私人行為、是我的權利，為什麼要向主管報告？公司權益調整，導致我個人權利受侵害，發信表達自己看法，是伸張正義！你要我循正常管道申訴，說了有用嗎？更何況保護自己權益、伸張正義，有什麼不對？我沒有拿去爆料公社公開，已經算顧及公司顏面了……

根據美國國家健康局（National Institute of Health）的統計，現在二十多歲的年輕人發生「自戀性人格異常」（narcissistic personality disorder）的個案比嬰兒潮世代二十多歲的時候，要多出三倍；而針對大學生的「自戀指數測量」，二〇〇九年的大學生比起一九八二年的大學生，自戀程度高出五八％。此外，二〇一三年《時代》（*Time*）雜誌的「我世代」封面故事更指出，有四成的貓世代認為，無論自己職場表現如何，公司應該每兩年為他升職。

這些統計資料翻成白話，叫做「自我感覺良好」（narcissism）；「自我感覺良好」最明顯的副作用，便是「爭取權利」（entitled）；前面提到外商公司員工直接寫信給總公司執行長，便是典型的例子，這也是全球中階主管面對貓世代員工最頭大的問題之一。

「望聞問切」管理貓世代員工

如今該怎麼處理兩代之間的問題呢？我會從兩個不同的角度切入：部屬和主管。

在幫「部屬級」的同仁上課時，我會從年輕人重視自己的角度切入，給他們一個明確的標題叫「無可取代的自己」。因為貓世代從小到大已經習慣被捧在手心，在家裡位階最高，他說了算。至於「主管級」的課程，我給的明確標題叫「掌握新世代的關鍵密碼」，主要的概念是「帶領新世代，別用舊觀念」。主管要真正去想年輕人在想什麼，才能有效帶領部屬。

主管要真的放下身段管理新世代貓型部屬，必須用的四個字便是「望、聞、問、切」。處理人與處理事的比重要調整，過去強調八成做事，兩成管人；現在要對調：八成管人，兩成管事。有兩招可以破除貓世代的自我感覺良好：

第一招，看待貓世代別用「量販」角度，改用「差異化」了解想法。

犬世代的人進公司的目標是滿足公司的需求，但貓世代的人進公司的目標是自我實現，前者重視公司成長，後者重視自我成長。這便是兩個世代的差異。

犬世代的人要能和貓世代的人溝通，首先要去理解貓世代的想法：每一個對話和溝通，都要從對方觀點來說話。好比說，犬世代主管在走廊上遇到每個部屬，習慣性問候都是「辛苦了！」，這就是用量販的角度建立關係。可是如果身為主管的你，可以和喜歡棒球的Ａ聊棒球，也懂得恭喜剛談下新客戶的Ｂ，還會寫慰問卡片給寵物過世的Ｃ，這就是「差異化」看待部屬。

第二招，創造非公務對話的機會，讓部屬建立對主管的信任。

要了解年輕人想什麼、要什麼，必須創造非公務對話的機會。所謂「非公務對話」，就是談公事以外的話題。

貓世代的工作的動機，絕大數是「來看看」、「體驗人生」，並非為了養家餬口來做事，他們只要不滿意隨時走人，所以不能單純的將工作一股腦兒交辦給貓世代年輕人，必須要強調工作的有趣之處、對他們的好處等等。

這股趨勢在未來五年一定更明顯，犬世代要去滿足貓世代對世界的想像，要盡量避免居高臨下的貼標籤和說話方式，反而要和他們談興趣、旅遊、遊戲等話題，創造非公務性對話，一迎合、二深入、三導引，逐漸了解貓世代員工，找到驅動他們的動能。

跨世代交心攻略

如何化解貓世代部屬的自我感覺良好？

❶ 看待貓世代別用「量販」角度，改用「差異化」了解想法。

❷ 創造非公務談話的機會，讓部屬建立對主管的信任。

3 缺乏同理心↓↑總要先顧好自己，才能幫別人吧

服務業的客戶最近陸續向我反應，客訴的數量比以前更多，其中抱怨服務態度的最多。

有一位老伯伯帶三十萬到銀行存錢，等一個小時終於輪到他。當他說明來意要存入三十萬，櫃台貓世代的A行員回他：「三十萬不用臨櫃存，到自動櫃員機（ATM）直接存，比較方便。」說完便按下叫號鈕，打算進行服務下一位客戶。

老伯伯好不容易排到，卻被轉到自動櫃員機，很不高興，馬上大聲爭辯：「都已經輪到我，為什麼不幫我處理？」A行員說得很直白：「現在櫃檯人很多，你沒聽懂嗎？自動櫃員機反而比較快。」

老伯伯發火了：「你這是什麼態度？叫你們經理出來。」

A行員回報經理，自己按照公司的標準作業流程（SOP）執行，是客人找麻煩。

經理心想，A行員怎麼這麼沒有同理心、反應太慢。立刻到前檯安撫客戶，並請旁邊的B行員協助處理，平息爭執。A行員當下沒說什麼，卻是一臉不滿。

事後，經理很傷腦筋，要怎麼和引發爭執的A行員溝通，讓他知道公司規定固然要遵守，但也要同時顧及客戶的心理和想法。

河泉老師破框

服務業常說的「以客戶為尊」，就是「同理心」。

同理心是看到別人的處境，自己內心產生的共鳴，如果沒有碰到類似的情景，很難有實際的感受。用「失戀」舉個例子。如果你和母胎單身從來沒失戀過的人說到失戀的痛苦，他安慰你：「不要難過，我能了解你的痛苦」，這句話通常是假的。因為沒失戀過的人，怎麼會知道失戀的椎心之痛。同理心的形成通常經歷過同樣情境，才能產生共鳴。

有研究指出，貓世代的同理心在過去十年間，急速下滑。二〇一一年，曾任職於密西根大學（University of Michigan）的莎拉・康瑞絲（Sara Konrath）在《人格與社會心理學評論》（*Personality and Social Psychology Review*）期刊中，發表一份美國大學生的同理心調查研究，一萬四千名受試者中，有七五％認為自己缺乏同理心，創下過去十年最低。此外，《時代》雜誌在二〇一三年封面故事〈我世代〉（The Me Me Me Generation），也有同樣的發現，並且指出缺乏同理心不只無法在感性層面關懷別人，理性層面也有理解他人觀點的障礙。

轉換到企業職場，具備同理心的員工，容易理解主管、同事和客戶，做起事來會換位思考，有助理解公司策略、創造業績、提升客戶忠誠度和工作熱情，可為公司創造正面效應。《哈佛商業評論》（*Harvard Business Review*）將同理心視為「從上到下都適用的硬技能」，《富比士》（*Forbes*）雜誌形容同理心是「無價而寶貴」，就連蘋果公司都把「同理心練習」放入培訓手冊。

同理心如何載入貓世代的觀念裡？

為什麼貓世代的同理心會迅速下滑？

《時代》雜誌分析，工業革命讓個人擁有強大的創造力量——建造城市、創業。資訊革命讓個人成為相當於組織的「一人軍隊」，利用網路科技去中介化、自媒體化和降低成本，貓世代有「我」便能完成自己想成就的事，不需要「我們」，連帶讓面對面的人際接觸機會大量下降，同理心減少。這也是貓世代讓犬世代無計可施的緣故。

讓我打個比方，現在貓世代好比智慧型手機，硬體越來越強，但要發揮功能，還要下載APP。而下載APP程式有先後順序，對貓世代來說，原本剛出廠的手機空間容量最大，是下載正確觀念APP的最佳時刻，但是如果大人覺得不急，讓小孩透過3C，先下載一般貓世代的觀念，請問家庭、學校要傳遞的價值觀，好比同理心、抗壓性、態度等APP，還裝得進去嗎？

回到上述的例子，A行員覺得規定就是規定，今天公司規定客戶人多，要疏導客戶去使用自動櫃員機存提，這是標準作業流程。後來主管介入找B行員處理，A行員會不服氣：「明明按照標準作業流程處理，你還這樣解決？」如果事後主管持續使用權威責怪A行員，不但培養不了他的同理心，負能量還會持續傳染給其他人。

所以同理心怎麼載入貓世代的觀念裡？三個步驟：（一）了解背景和價值觀、（二）設定情境、（三）立刻提點。換言之，以貓世代既有的價值觀搞懂現在的價值觀，然後提出他可以改變的方案。

第一招，溝通之前，先了解部屬的背景和價值觀。

所以如果你是前述的銀行經理，發現A行員和B行員年齡相近，A行員只會死板遵守標準作業流程，B行員卻能心平氣和幫老伯伯處理，為什麼？

原來B行員家裡有老人，經常相處與互動，知道老人家的行為模式，可是A行員沒有這樣的環境，在他的記憶體裡沒有與老人互動的APP。所以如果主管能先找出A行員對老人家無法有同理心的原因，再順著A行員的價值觀設定情境，就能讓他理解客戶心理，知道應對方式。

第二招，設定情境，讓部屬更能進入狀況，設身處地著想。

情境可以分為虛擬和實際兩種。虛擬情境是單純使用口語溝通，在和A行員聊天中，主管讓他假想自己家中有老人，一樣行動不便，在銀行排隊排三十分鐘，然後有同樣的遭遇。你身為孫子，會希望銀行員怎麼做？當你把客戶比擬成家人，觀察部屬能不能感同身受。如果虛擬情境依然無法理解，還有一招，不妨試試看安排實際情境。

至於實際情境的安排，可以採取讓部屬親自參訪老人院之類的做法。如果高齡客戶是公司主要客層，A行員無法同理高齡客戶的情況可能一再發生，務必想辦法讓他產生同理心，可以試試帶他花兩、三個小時參觀老人院，與老先生和老太太互動，理解他們的行為模式。

第三招，遇到狀況立刻提點，當下機會教育最有效。

遇到狀況立刻提點有時效性，一定要在情境發生的當下或當天機會教育，過了時間點再提點，部屬就無感了。

遇到狀況立刻提點，有三件注意事項：

（一）少說多聽。你說的時間降到兩成，多讓對方講，免得你的溝通不是溝通，而在說教或說幹話，年輕人聽不進去。

（二）善用引導。要讓對方講，就要引導年輕人說出你希望他們思考出的價值觀。

（三）最後是盡量分享原則，避免說教且針對性太強的言論，好比對話過程中避免「你應該……」、「為什麼不……？」這種措辭。

我在大學教書，接近期末時，讓同學輪流分組報告。就在課前半小時，要報告的同學用Ｌｉｎｅ傳訊息告訴我，覺得準備不夠周到，能不能延一週報告？我心裡一把火，可是如果直接回嗆拒絕，不能解決問題。換成到現場痛罵一頓？就算這組同學勉強做報告了，他們不爽我，我也不會開心。冷靜以後，我希望最終處理能夠達到兩個效果：（一）讓同學心甘情願知錯、（二）讓其他同學也學到教訓。

到現場，我對其他同學說，今天報告的同學臨時不能上臺。現在假設這個狀況發生在公司，現在各位都是職場菁英，原本今天下午四點要和一個重要的客戶做報告，報告前半小時，你對主管說你無法如期上臺，但這可能會造成公司的損失，你會怎麼做？我要各組討論五分鐘後，輪流說出自己的想法。討論後有同學說：「向主管道歉，承認我們自己準備不夠。」也有同學說：「我們如果報告得不妥，要另外提供配套措施給客戶，彌補客戶。」

要年輕人認錯超難，可是跳脫情境開放討論，他們就能夠用同理心思考，知道要認錯。如果我在臺上用老師的權威要求同學不容易，底下反抗的聲量也會比較大。

犬世代主管要能帶領貓世代，任何言行都要從對方角度出發。如果你拒絕學習貓世代思維，等於也少了同理心，世代對立便越來越強大。對貓世代而言，人人「習慣唯我獨尊」，但「團隊精神」卻是在未來職場勝出的關鍵，而「同理心」便是開啟團隊精神的鑰匙。

跨世代交心攻略

如何把同理心載入貓世代部屬的觀念裡？

❶ 溝通之前，先了解部屬的背景和價值觀。

❷ 設定情境，讓部屬更能進入狀況，設身處地著想。

❸ 遇到狀況立刻提點，當下機會教育最有效。

4 缺乏抗壓性➘➚不是不能抗壓，而是有沒有必要

台灣是全球第二大郵輪市場，近年來郵輪公司來台灣徵才，許多貓世代趨之若鶩。

但是郵輪公司有個頭痛的問題，就是離職率超高。徵才的時候，來應徵的年輕人很多，程度也不差，他們應徵郵輪工作是認為，和旅行社的工作很像，甚至福利可能更好，不但可以到處玩，還包吃包住。所以他們都是抱著好奇心和期待而來。

等到開始上班，他們發現郵輪工作壓力其實非常大，不但要冒著可能暈船的痛苦，每天工作時間還長達十二小時到十四小時，且居住空間狹小。而且原本懷抱憧憬要跟著郵輪到處旅行，但郵輪是定點行程，每個月重複去同樣的地方，根本不是環遊世界！當現實與理想的差距如此遙遠，貓世代年輕人便覺得又累又辛苦，壓力又大，根本不是我要的，就會立刻走人！

郵輪的犬世代主管對此百思不得其解。因為他們覺得工作就是工作，工

作不就是辛苦、勞累，哪有可能好玩？他們也就此認為貓世代的抗壓性大不如前，可是又不知該如何說服貓世代吃苦耐勞，於是落入「找新人、員工訓練、上班、離職」的惡性循環，幾乎沒時間做其他重要的策略規畫。

河泉老師破框

「抗壓性」，有人稱它為「挫折容忍度」，意思是今天碰到一個挫折，你的容忍程度是多少，這幾年流行的說法是：「恆毅力」（resilience）。聽起來很抽象，但是你一定熟悉它們的相反詞——「玻璃心」。缺乏抗壓性，便生玻璃心。有「玻璃心」的人容易放棄、怕累，能夠忍受的煎熬、挫折的時間不長，很容易說不要。

有次面試一個年輕人，我告訴他這份工作很辛苦，會滿累的，他說：「沒關係，我能吃苦，我不怕累。」結果，過了兩個月他就要離職。我問他為什麼要離職？他說工作有點累，我反問他：「你不是說你能吃苦嗎？」他的回答超經典：「我能吃苦，但不知道這麼苦。」

能吃苦是真的能吃苦，還是你「覺得」能吃苦？貓世代多半是「覺得」能吃苦，這份工作我「覺得」能勝任，但他們不知道自己要靠什麼東西來勝任，等發現工作難度上升的時候，就萌生退意了。

對亞洲家庭而言，成長過程中最大的壓力來自考試，犬世代的升學率三成到一半，而且壓力自己扛。貓世代的升學率百分之百，在升學過程中碰到的老師、作業、同學競爭等壓力，他們會不自覺轉嫁給父母，將壓力轉嫁給父母也是其來有自的，許多犬世代來自於早年吃苦的環境，所以就立定志向，不想再讓小孩吃苦，許多父母習慣說：「我希望讓小朋友生長在快樂、沒有壓力的環境下成長」，這樣的觀念並沒有錯，但是疏忽了一件事情，那就是「抗壓無法一學就會，需要長久時間淬煉而成」。

沒有壓力的孩子，就像被養在無塵室當中，習慣一塵不染，不只在家中，到了學校，家長也不遺餘力的保護著（協助向學校爭取作業不要太多，考試不要太難）。

大家都沒有想到的是，孩子們總有一天必須進入社會，從一塵不染到滿布塵埃，在這個處處壓力的環境下，請問喵星人有多少時間重新學習承受壓力？

如果他們無法承受壓力而被社會責怪，這些對他們並不公平，該是誰的責任？

造成貓世代進入社會對工作挑剔，認同感與投入自然不高。再加上自我意識的提升，他們會覺得人不能只有工作，必須要有自己的生活，所以生活裡只能剩下自己給自己壓力，比方說，年輕創業、當自由工作者等等，這樣的壓力出於自我要求。但是貓世代還直喊「壓力好大」，擔心薪水太低，擔心買不起房子，擔心找不到未來，也因此他們容易選擇放棄成功機會不大的事情。

貓世代做喜歡的事，抗壓性就很強

要培養犬世代的抗壓性很簡單，第一就是多找一些問題，多給他們經歷一些磨練。第二是讓他們多跌倒，有受輕傷的經驗。第三個要他們尋求解法。犬世代認為環境帶來的壓力是理所當然，覺得壓力是磨練的機會、是邁向巔峰不得不的打擊。

但是這種方法用在貓世代身上，他們會反問你：我幹麼多跌倒？有什麼好處？跌倒會痛啊，我就是不想痛。貓世代不像犬世代一樣將壓力當磨練看待，他們的抗壓性只有在做自己喜歡的事情上才會出現。

舉個例子，玩電動要破關，一次沒過、兩次沒過，他們會怎樣？會廢寢忘食一直練，因為有興趣，他們喜歡。既然如此，那到底怎麼在職場裡找出貓世代感興趣的事情，讓他們持續前進？

第一招，讓工作遊戲化，在闖關過程中忘卻壓力。

讓工作變得像遊戲，貓世代員工會有闖關或打怪的感覺，比如業務部門，可以將全台北規畫成十個區，每個區都有績效得分，如果在一季裡面業績達到多少，可以累積積分或點數，累積到一定分數或點數，便可拿到一把寶劍，或者一把衝鋒槍，最後可以換個歐洲旅行等夢幻獎品。

第二招，就是找出每位員工的啟動密碼，為每人寫份使用手冊。

要怎麼找出員工啟動密碼，寫出員工使用手冊呢？第一步先在關鍵時刻問到關鍵問題。

關鍵時間點有三個：面試、錄取後報到，以及工作三個月後。

面試時候的關鍵問題，要先問他們對這個工作的理解，以及想學習的東西。報到時的關鍵問題是，在這個職務上他們希望得到什麼；三個月後的關鍵問題，則要去問問有沒有按照他們的期待往前進。接下來配合績效考核面談。在績效考核時，談談最近的工作狀況，如果談話中發現他們能夠上軌道，接下來穩定度會相對提高。

撰寫員工使用手冊的第二步是，了解員工個性，明白驅動他們的動機是什麼——物質還是精神？設計一些人生思考的問題，比如說：「為什麼想做這份工作？」、「希望在這份工作學到什麼事？」、「希望五年後的自己是什麼？」、「你覺得在這裡真的能得到自己要的？」此類問題反覆詢問，有助於釐清員工或這個世代要什麼，然後設法以此為基礎設計工作內容，延伸他們對工作的黏著度、期待感與忠誠度。

第三招，提供「公開小特權」，減少壓力感覺。

在不牴觸公司規定下，提供團隊同仁一些每個人都有機會得到的「公開小特權」。比如，上個月業績最好的人，可以優先選擇本月排班時間，或優先選擇大樓停車位；又比如說，每個星期三下午，主管自掏腰包請同仁吃下午茶，讓同仁覺得自己身處在「幸福團隊」，降低壓力帶來的不適應。

跨世代交心攻略

如何讓貓世代部屬提升抗壓性？

❶ 讓工作遊戲化，在闖關過程中忘卻壓力。

❷ 找出每位員工的啟動密碼，為每人寫份使用手冊。

❸ 提供「公開小特權」，減少壓力感覺。

5 事情做完，不會做好↓↑我在意工作CP值

小黑在公司擔任企畫，負責製作搭配活動的影片，他的工作效率很好，總是能配合公司的時程表，但是他讓主管小如很頭大。為什麼呢？

儘管小黑交片的時間總是準時，影片內容也會按照當初討論結果拍攝，但是細節上總是小錯不斷，一下搞錯客戶頭銜，一下字幕上有錯字，或者影片剪接和上的字幕對不上，腳本也是了無新意的重複……總之，給小如一種交差了事的印象。小如覺得自己很倒楣，每次還要幫小黑的作品把關，注意一些細節，搞得好像他的祕書似的。諷刺的是，小如回想當初錄取小黑，就是因為看到他之前當自由工作者的作品充滿創意和細節，令人印象深刻，才找他進公司，哪會想到他製作公司的影片和自己的作品，卻像不同的兩個人做的？

小如找小黑聊過好幾次，小黑總是強調「先求有，再求好」，先做出影片再說，小如不知該怎麼辦？只好繼續忍受小黑「只把事情做完，卻不會做好」的做事方法。

河泉老師破框

「做完」與「做好」，是兩種不同層次的自我要求。犬世代上班族會在計畫開始之前，同步規畫什麼時候「做完」（把事情完成）和「做好」（把事情做到好），也就是事情先做完也做好之後，再往下走一步，這樣到最後就是即時完成一項有品質的任務。但多數貓世代年輕人看待「做完」和「做好」是兩個階段，也就是先求做完，做完之後再看狀況決定是不是要把事情做好——別忘了，貓世代重視工作CP值，他們超排斥做白工。也因此造成犬世代認為貓世代「只會做完，不求做好」的特質。

做好是一種自我要求，若年輕貓世代有自我要求的驅力，他們才能掌握自己的方向，知道往哪裡去，公司如果越多這種人，便有源源不絕的學習動力和創意。可惜的是，多數貓世代比較認同做完就可以。為什麼他們不會想進一步做好？一是沒興趣，二是沒好處，覺得事情做完最重要，為什麼主管要如此挑剔？其實許多犬世代發現，貓世代對於「自己的」作品相當用心做到好，因為打造自我品牌是年輕人喜歡的，也符合把事情做好的動機——感興趣、有好處。

如何讓貓世代把事情做完也做好？

犬世代常認為貓世代「只會做完，不會做好」，習慣做完以後會雙手一攤，但由於做得不到位，上司或團隊內其他成員還要跳出來幫他們收拾爛攤子，比方說，補充細節或修改內容，等於加重其他人負擔。犬世代身為他們的主管，要怎樣和他們一起過這一關呢？

第一招，具體訂出「做好」的標準。

除非是在有明確數字或標準規範的業務類或製造業，否則多數犬世代主管指點貓世代部屬「把事情做好」的時候，很容易流於形容詞，好比「為什麼不多想一下」、「多動動大腦」、「你為什麼覺得可以」、「要多用心」、「感覺不對」，這些用詞可詮釋的空間過大，就算貓世代部屬有意揣摩上意、與犬世代主管凝聚共識，也很容易搔不到癢處。

犬世代主管不妨試著找貓世代部屬討論出「做得好」的標準，例如：「你會給自己打幾分？」、「是否接近完美？」、「如果還有可以修改的地方，會是哪些？」、「上面對你交出去的作品，評價如何？」如果主管希望這個標準有說服力，且部屬會執行，記得最好引導部屬自己訂出符合這個方向的標準，不能都是主管說了算。

第二招，根據標準照表操課，不能妥協。

你和貓世代部屬討論出「做好」的共識後，萬一對方做不到，怎麼辦？

這是考驗主管的時候。很多主管會急著完成計畫，對於之前的標準，率先開始動搖，不是睜一隻眼閉一隻眼，降低標準放水過關，或者乾脆跳下來自己幫部屬做完。這會形成一個壞處，主管不斷退縮自己的底線，讓部屬覺得「原來標準是說好聽的，其實這樣就可以」，被迫形成錯誤的標準，他們下次還是會重蹈覆轍，因為知道主管會為求好心切，收拾善後。

為了不讓這種情況出現，主管要祭出適當的罰則，諸如寧缺勿濫，就是放手讓他們承受沒做到的壓力和後果。所謂「懲罰」指的是讓人在情感或身體上不舒服，知道下次要改進，一旦沒讓他們在情感或身體上不舒服，他們下次怎麼會願意改進？如果你忍讓妥協、不守住標準，萬一你的部屬做得不夠好，主管也要負一半責任，因為你沒有要求，讓他們因此越來越糟糕。

如果這件事情非完成不可，可是你又不願意姑息部屬，在事情完成之後，你仍然要找部屬來機會教育一番。

第三招，事情完成後和部屬一對一檢討。

犬世代主管的指導要挑適當時間和適當方法。如果計畫完成的時間迫在眉睫，在時效前先取一個雙方都能接受的解決方法，但在解決完之後，主管得先想一想要不要留這個人？

如果覺得這個部屬不值得指點，那就讓他繼續這樣，能用多久是多久；可是如果覺得他值得，你要在事後找他談一談。假設你的標準是八十五分，你和他聊完後，他慢慢可以逐步修正，從原本的七十八分，進步到八十二分，然後到八十五分，看著部屬越變越好，你投資時間在他身上就值得。

主管有個義務是「讓同仁一天比一天更好」，帶人是千古難題，能把值得的人教好，這種主管永遠令人尊敬。

「不只求做完，還要做好」是許多企業在追求的「當責」，這是一種價值觀，並非一蹴可幾，需要時間培養，也是一種態度的養成。我在企業上「當責」課程的時候，不喜歡講理論，反而運用案例和活動的過程中，主管更能有感受。所以主管「度化自己，也度化別人」，抱持著這種心情，任何世代的部屬，你都可以成就。

跨世代交心攻略

如何讓貓世代部屬懂得自我要求，不只做完，還會做好？

❶ 具體訂出「做好」的標準。
❷ 根據標準照表操課，不能妥協。
❸ 事情完成後和部屬做一對一檢討。

6 缺乏解決問題能力↓↑你沒跟我說怎麼解決啊

有個好朋友是傳播媒體的主管，前幾天找我吃飯，我看他愁眉苦臉。

事情是這樣的。這一年，他開始帶三、四個年輕記者，他們每個禮拜輪流交稿，由他負責改稿。當他發現稿子內容有遺漏、邏輯有問題，便會請記者再去補問或補寫，把內容弄完整才能報導。年輕記者拿回稿子補文、修改，沒想到要交修稿時，他們的回覆卻是：「我問不到」、「受訪者不願意回答」，稿子又原封不動交回來。要不然就是另一種狀況：年輕記者為了交出滿意的稿子，一拖再拖，無法準時交稿，壓縮負責改稿主管的看稿時間，無法仔細看，最後為了讓稿子準時出刊，只好睜一眼閉一眼讓自己不滿意的稿子過關。

朋友說，以前他當記者寫稿，同樣經常遇到主管要求補問、補寫，也碰過受訪者不願回答，但他知道不可能只有一個人有答案，所以會去問其他有可能有答案的人，補齊內容，讓稿子完整。他問我：「為什麼現在的年輕人不這麼做？為什麼不會想辦法解決問題，而是把問題丟回來給我？」

河泉老師破框

二〇一八年的世界經濟論壇出了一份名為《未來工作》的報告。報告中指出，到二〇二〇年，人工智慧（AI）和機器人將帶動第四次工業革命，全球將會有七千五百萬個工作消失，此時若要持續在職場上存活、不被取代，首要具備的技能是「解決複雜問題的能力」（complex problem-solving）。

所謂「解決複雜問題的能力」，真正重點不在問題解決得多漂亮，而在於我如何旁徵博引已知來解決未知。能力不單是解決表面的問題，而是如何統整思考、邏輯、執行、分析等各種能力解決問題。所以如果能解決問題，好比如何提高衰退的業績，你解決這個問題的過程，表面上看起來就是衝業績達標，但是過程中一定綜合運用其他能力，而不只是說服客戶的話術厲害而已，其他能力也會同時提升。

舉例來說，很多人玩寶可夢抓寶，會親自花整個下午去抓一隻很難抓的神奇寶貝，也有人會用其他方法代抓，節省自己的時間。其實花兩小時抓很難抓的怪，背後真正的價值並不只是這隻寶可夢多稀有、多厲害，而是你願不願意花兩小時廢寢忘食為想要的東西付出代價。真正重要的是過程中的感受，而不是寶物本身，同時可以學習培養持續力或恆毅力。

三種做法提升解決問題能力

要讓貓世代員工提升解決問題的能力，需要三種做法：第一是當他們束手無策時就要教，第二是在對的時間教，第三就是要讓他們知道為何而戰。

第一招，當他們束手無策時就要教。

教什麼？教他們在束手無策時如何「舉一反三」。

要先讓貓世代部屬對「束手無策」感覺有需求，有需求才會想學。以前述的例子，如果貓世代記者補問不出來，主管就是不協助解決，完全讓部屬自己承擔壓力，直到把該補採訪的問題問完，才讓稿子過關被報導，此時部屬才會有感。每個人有自己的底線與價值觀，身為主管要去測部屬的底線在哪，適時讓人在情感或身體上不舒服，並且在部屬束手無策時出手相助，部屬才會感激。

如何教會部屬「舉一反三」？貓世代記者去補採訪，如果找一個受訪者被拒絕，主管要教會部屬可以繼續找其他可以回答的受訪者，但是不要隨便找一個只為填補答案。所謂「舉一反三」是如果A方案不行，請嘗試類似的B方案。讓貓世代先學會一個概念，事情不如預期，不要一次就放棄，至少可以再找其他替代方案。

要提升貓世代部屬「解決問題」的能力，治本之道就是碰到就做、不要挑工作，而且要自己解決，不要尋求解答。為什麼大考之前要多做考古題？你解的題型越多、數量越多，等碰到實際大考，才能讓不會的題目降到最少、難題降到最低。

多數主管在當下有時間壓力，為求迅速，會直接告訴答案，這個做法沒有錯，但是身為主管，你要不要員工進步？還是只要原地踏步？如果你判斷他有潛質，對方也願意學，你就得為他付出時間，把他教會。不過倘若對方沒有學習意願，你就隨緣吧。

第二招，在對的時間教值得的人。

「對的時間」指的是要看現場有沒有時間壓力，如果當場有時間壓力、場合不對，在當下先採取一個雙方都能接受的暫時權宜之計，等時間壓力解除後，事後要找員工來討論分享。當然，前提是，你評估此人值得你花時間教。

什麼是「值得」？它最重要的是意願。遇到問題，你願意教，但對方有意願學習、想要進步嗎？這必須從對方的角度來看，讓他自己發現，而不是你強加給他。你可以對他說：「你的表現，目前九十分沒問題，但是如果現在你想變九十五分，你覺得該多些什麼？」讓對方自己說出來該怎麼做。很多主管會直接說答案、下指令：「這邊差什麼，你再去補。」切記避免直接糾正或給答案，因為人在被糾正的狀況下容易產生抗拒，有時候他並非不會，而是抗拒你的溝通態度。

第三招，讓他們知道為誰而戰。

貓世代希望知道為「何」而戰，以及為「誰」而戰。「誰」指的就是自己。人性天生是選擇安逸的，在簡單與困難之間，大腦永遠會告訴我們要選簡單的。科技與網路的確幫助人回到安逸的本性，當我們大腦習慣網路所提供的簡單途徑，便很難再走回相對複雜、辛苦的路，人也就越來越懶得思考。所以會覺得只解決一個問題，為何要自找麻煩，解決更多問題？能夠找人代為解決，為什麼我自己要解決？我究竟為何而戰？

從貓世代員工、高度自我意識的角度來想「為何而戰」，就要讓他們明白，當前的調整、解決問題不是為了解決公司的問題，而是希望讓你有機會學到你要的，打造個人品牌。提升與學會解決問題能力，你學會這些能力，別人拿不走，永遠都屬於你，將來你在任何的公司、任何的職場、任何的未來，都更有機會接近成功。用貓世代聽得進的話來驅動他們，才是犬世代的智慧做法。

跨世代交心攻略

如何讓貓世代部屬提升解決問題的能力？

❶ 當他們束手無策時就要教。

❷ 在對的時間教值得的人。

❸ 讓他們知道為何而戰。

第三章——

要未來

築夢於未來，在無所適從中找出口

1 企圖心不足↔我不喜歡不知道為何而戰

我曾經去一家金融機構上課，午休用餐時單位主管忍不住抱怨。

他帶業務部門，裡面有一半的成員是年輕業務，一段時間後，他發現這群年輕業務出現一個以前沒有過的現象：每季當年輕業務的佣金收入達到某個水準、夠他們買房養家，他們便不再衝刺業績。剛開始他為激勵年輕人上進，辦比賽、精神喊話、公司招待旅行、建立願景，根本發揮不了作用，年輕業務還是照樣每季賺到足夠收入便不衝刺業績。

為解決問題，他曾經找幾位年輕業務聊聊，想了解為什麼激勵沒有效果？年輕業務的答案是：「升遷機會比以前少，也不想像前輩那樣拚死拚活。每季做到基本業績就好啦，還可以維持工作與生活平衡。」

這下子，主管頭很大，他的業務目標是兩年內翻倍成長，但現在竟然有一半部屬告訴他「賺夠就好」。主管嘆氣：「不會銷售，我可以教；人脈不足，我可以協助開發；壓力太大，我陪你聊天。但他們缺乏企圖心，我束手無策。」

河泉老師破框

「企圖心不足」有好幾個同義詞，犬世代認為像是容易滿足現狀、得過且過、上進心不夠、目標不夠遠大、對磨練基本功沒興趣，以及毅力不夠。但是貓世代自己怎麼看呢？碰到十個年輕上班族有九個不會承認缺乏企圖心，他們會說：「我不是沒有企圖心，只是我不知道為何而戰」、「我覺得這不是我要的」、「和我想的不一樣」。可是當你反過來問他們要什麼時，他們又無法立刻說出來。大人會說這個就是缺乏「企圖心」，因為「企圖心」會展現在對自己未來的規畫與進程，進而從做法上實踐出來。

持平而論，很少有人一出生就知道自己要做什麼，企圖心需要層層環境培養，埋下種子，進而孕育出企圖心。「環境」，最外圍指社會氛圍，中間的是家庭環境，最內圈是個人是否具備自我要求的心態。

從社會氛圍來說，近數十年來，台灣受到主權意識與定位模糊的影響，加上中國大陸崛起，造成經濟成長停滯，社會氛圍彌漫著對未來前途的不確定，所以年輕人會認為大環境不好、社會亂，不敢對自己有大定位與期許，影響所及，博士畢業去賣炸雞排，街上布滿貓世代開的咖啡館。

再來談家庭的培養。父母對於子女的期許有莫大的影響。在內心裡，父母對子女的期許其實很高，只是因為怕給小孩壓力，很少父母會將自己的期許講得很明顯，反而老是說希望小孩平安快樂、做他們想做的事情就好。

然而，企圖心最重要是看自己。企圖心是對自己期許的極致表現，如何引發？要靠自己本人接觸外在的資訊。以前可能是閱讀，在書中期許變成某個角色的樣子，現在可能是 Youtuber 或電競選手。接觸訊息的管道影響年輕人，所見所聞會與企圖心產生強大的連結，讓他們看到什麼就就可能想變成什麼。

貓世代「for me」的企圖心

扣掉以上三個抽象的環境理由，為什麼現在年輕人企圖心不強，還有一個具體的物質理由：因為現在不管做什麼都不會餓死。以前的世代，如果沒有企圖心會餓死，所以需要做到某種程度以上的成功，才能獲得相當的物質生活水準，才活得下去，但現在年輕人生活相對衣食無憂，怎會有企圖心去激發自己該往哪裡走、該做到什麼程度？

其實嚴格說來，貓世代不是沒有企圖心，而是他們的企圖心與犬世代不同。犬世代的企圖大多優先想到家庭、公司，這是 for us。貓世代的企圖心優先擺在完成自己想做的事情，比方說，有人電玩求破關、求打到最高階，可以連打五天五夜，他有沒有企圖心？有，只是這是 for me。再舉個企業的例子，好比 **Airbnb** 會成為全球最大住宿平台，它最初的發想是為全人類嗎？實際上，創辦人的動機是因為在某次出遊忘記事前訂飯店，結果訂不到飯店，突發奇想產生如果能知道當地哪裡有空房間，也許是不錯的創業點子，因此創辦 **Airbnb**。

換到組織裡，犬世代的企圖心是擺在拚過別人、逐步往上攀爬，成為別人眼中的成功菁英。貓世代則是想進一個能夠學習、實踐理念、互相合作、平等對待的公司，在公司裡實現自己想做的事情。和犬世代的遠大目標相比，這群喵星人喜歡活在當下，享受生活的每一天，不想讓自己變成工作奴隸。

激發貓世代企圖心的解方

回到一開始金融機構主管的困擾：年輕人缺乏企圖心，不願意衝業績，怎麼辦？我的解方如下：

第一招，把組織目標和個人目標綁在一起，並且凸顯個人目標。

如果我是那位困擾的金融機構主管，會試著讓年輕業務知道個人業績增長的真正目的，除了幫助公司，也能要打造他們的個人品牌。要強調「業績增長」對他們個人意義的價值。如果只強調業績對公司的價值，年輕業務會聽不進去，你反而要去誘導並找出他們真正要的事物。人的內心還是會有想要證明自己的渴望，追求自我實現是人類自然而然的需求，運用「證明自己比過去更好」正面激勵他們。

舉例來說，假設希望你本月業績突破五十萬，我有兩種講法。

第一種是傳統的犬世代說法：「我們目前公司業績差五十萬，我希望你努力，你幫公司補上業績，公司不會虧待你」，有人會接受。

另一種講法是貓世代說法：「你過去平均每個月做兩百萬，多五十萬對你來說應該不是問題，你要不要試試看打破自己過去的紀錄？」這種說法要結合一些配套的激勵手法，而且必須考慮到對方真心想要的事。換句話說，手法可能會因人而異，好比甲願意在這個月幫你把業績補五十萬，但下個月他想多放三天假；乙也願意幫你補業績，但是她希望額外加發獎金。

第二招，差異化管理，針對部屬運用不同激勵手法。

面對貓世代，主管要多一道工夫，叫做「差異化管理」，也就是說，組織的目標對員工要共同布達，卻要個別激勵。共同布達是宣布一些組織單位的共同目標，但是針對需求不同的部屬，提供不同的激勵手法，讓每位同仁理解有企圖心在組織內是種獎勵行為。

過去，我們可能用一筆高額獎金或旅行激勵大家競爭，所謂「重賞之下必有勇夫」，貓世代卻會覺得太辛苦、輪不到我，於是放棄；現在，可以改為好幾個選項，讓大家挑選，好比放長假、提供停車位、米其林餐廳餐券等等，讓貓世代有選擇權。

第三招，避免「媳婦熬成婆」的心態。

犬世代主管不要覺得調整自己身段、與貓世代溝通很困難，其實你每天下班回到家和自家小孩溝通，不就已經調降自己地位、與小孩平起平坐嗎？為什麼在組織內沒辦法？

說穿了，可能是「媳婦熬成婆」的心理——過去我當部屬的時候這麼辛苦，為什麼現在不用？許多犬世代主管覺得生不逢時：我的上司當年K我的方式非但不能複製到喵世代身上，還要挖空心思逗這些貓，造成犬世代無法釋懷的情緒掙扎，不願意放手，也不知如何下手。

犬世代也可以選擇不調整，但是將來會更痛苦，因為在未來的五到十年內，多數企業內部將出現犬貓世代交替，造成企業文化的質變，如果不能順應時勢的企業，必會走向老化、滅亡。如果你是有智慧的犬世代主管，發現世界的趨勢往哪裡走，一定會懂得應變。

調整對貓世代部屬的刻板印象，試著理解他們的價值觀。帶領喵星人，必須了解他們的價值觀，然後再慢慢導正。犬世代主管平常可以去看一些貓世代喜歡去的社群網站、影音頻道，就會知道現在年輕人想什麼，並且在群組中討論。如果希望貓世代能夠就範，是不是也該做點功課？

第四招，犬世代主管不妨成立群組，交換教戰守則。

我常在上課時開玩笑的問犬世代的主管，大家知不知道貓世代部屬會成立另外一個沒有主管的群組？主管都認同的笑了。

如果你面對貓世代部屬時感覺孤單，心理壓力過大，建議犬世代主管不妨放下身段，可以成立一個討論群組，專門討論碰到這些貓世代該怎麼應變，你會發現帶不動部屬的，不是只有你。

跨世代交心攻略

如何處理貓世代部屬缺乏企圖心？

❶ 把組織目標和個人目標綁在一起，並且凸顯個人目標。

❷ 差異化管理：針對不同的部屬，運用不同的激勵手法。

❸ 避免「媳婦熬成婆」的心態。

❹ 犬世代主管不妨成立群組，交換教戰守策。

2

好高騖遠↓↑我尋找發光發熱的舞台

朋友是雜誌社總編輯，最近收到好幾位讀者抱怨封面故事品質下降，讓他很困擾。

朋友說：「為了保持編輯部活力，最近引進不少年輕新記者。他們聰明、學得快，偏偏沒耐心。」按照規定，資歷不滿五年的雜誌社新人，至少要寫短篇稿寫一年，經主管認定，才能擔綱寫封面故事，但是這群新記者只寫稿三個月、不到半年便要求寫封面報導，剛開始朋友認為新記者基本功不紮實，寫封面報導反而拖累其他人，至少得再磨練半年。不久，好幾位新記者跳槽到友刊；再不久，友刊封面故事的作者便是跳槽的新記者。

自此之後，朋友便鬆綁封面故事主寫記者的標準，讓新人也可以寫封面報導。不過正如他所說，新人年輕且基本功欠熟練，雖然很努力，觀點卻不夠有力，也開始接到讀者的抱怨。

河泉老師破框

看在犬世代眼裡，這叫「好高騖遠」，不會走就想要飛；對貓世代來說，他們是尋找一個能讓自己發光發熱的舞台，希望成為鎂光燈的焦點，因此他們不想花太多時間在小事上。

我們拿掉這些刻板印象的標籤，再多點理解，不難發現差異出在兩個世代對於難易程度的定義有別——同樣一件事，犬世代認為要花兩年做十個步驟才能完成，但貓世代卻認為半年做五個步驟就能達到。雙方對任務難易程度缺乏共識，自然而然，犬世代認為貓世代「好高騖遠」，貓世代則覺得犬世代「食古不化」。

貓世代習慣閃躲小事

難易程度的認知差異，關鍵在於犬世代的做事習性是不分大小，完整歷經所有過程，但貓世代的做事習性是做大不做小，傾向挑任務的明顯處來完成，其他能閃就閃。貓世代會閃躲的是「小事」，小事有兩種：一種叫瑣事，一種叫基本功。他們兩種都不愛做。

他們不愛做瑣事的習慣主要來自家庭教育，在貓世代的成長過程中，求學後他們以學校的事情為重，爸媽「以愛之名」的寬容小孩把所有時間花在讀書、學才藝等項目，其他會讓他們「分心」、與培養競爭力無關的事，都可以不用做，暗示了貓世代做事情的關鍵思考——事情可以挑著做，不用負全責。假設今天全家出門，父母希望快點出門、不要拖，那麼最後負責關門、關窗善後的人通常是誰？答案是父母。至於小孩，他們只負責穿好衣服、等電梯。久而久之，他們看事情的視野就傾向看任務的亮點，較難全觀、注意細節。

至於基本功，雖然未必算瑣事，但絕對不是事情的亮點或重點，貓世代也不愛。由於網路、手機的緣故，貓世代已經習慣短期內就要看到成效，不擅長等待和忍耐，只要某些事要熬、要等待的，如果又無趣，他們便會選擇放棄，好比基本功。如果要成為電影主角，必須吊一個月嗓子、練一個月的抬腿，他們有可能就覺得練基本功太浪費時間，況且現在有更聰明的方法，比如用科技動畫做出效果，何必要基本功？

還有一個東西造成年輕人不太喜歡學基本功，叫做「懶人包」。懶人包在犬世代叫做「捷徑」，不是個新鮮事，但為什麼這個社會的懶人包越來越多？因為網路社會資訊實在多到讓人無法吸收和判斷，的確出現對資訊濃縮、精煉的需求，「懶人包」因此越來越多。

這就好比在沒有雞精和其他提味的加工品之前，煮湯需要熬湯頭，現在只要加濃縮的提味加工品就好。現代年輕人習慣一次打包收納所有資訊，要求他們從過程中提煉自己需要的，當然會覺得練基本功太花時間，期待什麼都來個懶人包。

貓世代不願意在基層枯熬

貓世代看大不看小，看近不看遠的結果，提高企業內部的流動率。想在銀行做到經理可能需要十年、甚至十五年，在貓世代看來，他們會想，現在科技這麼發達，做銀行經理根本不需要歷練十五年，這段時間如果拿去做更多更酷的事情，遠比當一個經理好玩多了。所以工作到一個程度，他們會覺得學得差不多，開始想轉戰其他領域，畢竟熬這麼多年只為了升官，而且機率不高，對貓世代來說實在太太浪費時間了，他們覺得應該有更好的舞台在等他們。

當挑工作這種情況越來越普遍，基層人員流動率變大，企業基層開始虛級化，原本正三角形的人力資源結構，逐漸演變成菱形：第一線員工離職流動上升。現在很多產業都說我們要補新人進來，但是年輕人不感興趣，抑或是入公司沒多久發現沒興趣就要離職。這讓犬世代十分頭大，也是為什麼這麼多大企業對人工智慧、機器人這麼投入，因為期待它們以後能取代人力，尤其是第一線基層員工。

如何調教貓世代達到符合標準的任務

犬世代主管要怎麼因應？首先要有種心態：千萬不要想把貓變成狗。因為貓終究還是要有貓的習性，你要試著接納。至於有沒有辦法在組織的共識下，讓貓狗共存？犬世代主管要走兩條路。

第一招是傳統的路，找出認同組織的貓世代部屬加以培養。

由於不是每個貓世代部屬好高騖遠，在做這件事情之前，犬世代主管得先花時間觀察貓世代部屬，哪些人會認同傳統的方法和目標，同時願意接受調教？找出有意願的貓世代部屬，搭配一個可配合與貓世代部屬溝通的犬世代員工，擔任組織與部屬間的橋梁，負責把組織的目標和要求翻譯成貓世代的語言，並讓貓世代的狀況可以對接到組織的要求中。

要注意的是，犬世代主管要讓貓世代部屬理解共同的目標，但是不能在部屬身上強加自己過來人的做法，要求他們照著做，而是必須放手讓他們用自己的方法達到同樣的目標。套句耐吉（Nike）創辦人菲爾・奈特（Phil Knight）在《跑出全世界的人》（*Shoe Dog*）的話：「告訴他們要什麼，卻不告訴他們怎麼做，讓他們拿出結果讓你大吃一驚。」

第二招是一條突破的路，也就是給貓世代一個玩沙場。

假設你的組織有意針對新世代打造第二產品曲線，這群貓世代員工便可派上用場。何不畫個區域，讓他們自由發想？能不能同時在公司裡提供一個貓的玩沙場？玩沙場帶有訓練貓世代功力的意義，萬一不行，大不了就推倒重來，因為耗損成本在可接受程度範圍內。倘若成功，再把成功經驗廣泛移植、複製到其他更大型的計畫與專案中。

比如說，現在許多產品或服務推出「副牌」。宏碁電腦這幾年面臨筆記型電腦市場萎縮，就從既有的筆電產品線中切出一條主攻電競領域的電競筆電和相關周邊商品，殺出一條血路。根據全球第九大市調機構國家採購日誌（National Purchase Diary, NPD）調查結果，二〇二〇年第一季宏碁出貨量占美國市場近五成，市占率為二五％，成為美國電競筆電第一品牌。試問犬世代員工怎麼揣想一九八〇後、甚至二〇〇〇後年輕人玩的電腦？做電競筆電的這群人就是年輕的貓世代員工。

有些銀行特別挑選貓世代銀行專員，成立年輕理財部門，針對同為貓世代客戶的理財習慣，讓他們去經營同溫層。貓世代專員的態度和天性，也許對六、七十歲、擁有大批資金的人，難以產生同理心，溝通上也有困難，可是用他們來應對下一個世代也許剛剛好。所以在轉型變革的時候，可以先在既有組織架構下容許小規模的創新，推出既有產品線之外的新產品，也容許新產品在有限的市場內做測試、反應，有一天也許會成為「破壞式創新」產品，然後延燒開來。藉此可以培養新產品生命週期。

犬世代和貓世代，誰都不必改變誰，而是彼此能不能理解並接納彼此的差異，把不同世代的特質和優點放在組織裡，成為轉型的能量來源。

跨世代交心攻略

如何因應貓世代部屬好高騖遠特質？

❶ 找出認同組織的部屬，加以培養。

❷ 給部屬一個玩沙場。

3 忠誠度不足↓↑我忠於「擇我所愛」

朋友是壽險公司業務主管，最近找我抱怨他的新進部屬。

原來是半年前，公司大幅徵才找進一批優秀的新人，學歷、能力都很不錯，創造出不錯的業績，誰知道半年後，竟然莫名出現離職潮，一半以上紛紛提出辭呈，轉戰其他公司或其他行業，讓朋友的新進人才定著率急速下降，不知該如何是好。

「嫌我們頭銜不夠大，嫌我們規矩多，說什麼沒想到原來是這樣，跟預期中的業務不同，」業務主管朋友抱怨，「唉！看別家可以給比較大的頭銜、錢多一點點，就走了，毫無忠誠度可言。也不想我們花力氣培養他們的基本能力。」

「你們有用什麼方法留他們嗎？」我說。

朋友嘆了一口更大的氣：「誘之以利，動之以情，說之以理，統統沒用，他們只看自己的ＦＵ，我能怎麼辦？」

河泉老師破框

一個企業最重要的無形資產，莫過於員工忠誠度。在犬世代，把「忠誠度」和「穩定性」畫上等號，在職場上用從一而終、尊重上司表達對公司的認同，這份認同無須出自個人自由，也可以是「身不由己」，好比討生活而加入某公司，個人動機不重要，重要的是犬世代用時間證明「愛其所擇」。比如說金融業，早期進銀行的人大多數不是因為很喜歡銀行，原因在於：第一，銀行業或這個企業聽起來不錯；第二，我考上了。大部分進銀行工作的人都是因為被錄取進去，未必是因為喜歡銀行裡的哪個職務內容。

但是，貓世代顯然並非如此，他們在意「擇其所愛」，可以先進入一家聽起來不錯的企業，一旦進去之後覺得它不是我喜歡的，就會跳出這個選擇，改做下一個選擇。對貓世代來講，他們並非不忠誠，只是忠於誰？與其追求金錢、職稱，他們更忠於自己的理念、想法和喜愛，只要違背這個原則，他們會選擇長痛不如短痛。換個角度來看，要貓世代學習某項技能或學問，如果認為對自己沒有意義，到頭來他們就會選擇放棄；但是如果這是他們喜愛、又對自己有意義，他們的投入和忠誠度可以超過犬世代。

兩個世代對「忠誠度」解釋不同，反映在職場上，對犬世代的困擾就是貓世代的離職率上升，這也是目前全世界企業碰到的狀況。

環境不如預期時，貓世代容忍度很低

過去犬世代進到一家公司上班，有個不成文的默契，至少做半年到一年「有學到東西」再離開，免得到下一家公司被視為缺乏忠誠度、見異思遷、沒定性。現在貓世代沒有這層顧慮，他們唯一的顧慮是「自己有沒有興趣」，沒興趣自然很難學到東西，這個認知影響了貓世代對於陌生事物的接受度和學習。

你也許會問，誰不是對自己喜愛的事情定性最強？貓、犬世代的差異在於：第一，貓世代表現出來的傾向比犬世代強；第二，這種工作思考成為普遍的職場價值觀。過去犬世代也會沒定性，可是至少會熬個一、兩年或兩、三年，但是貓世代可能只會撐一、兩個月或兩、三個月，環境不如預期時，他們的容忍度會下降。

對於貓世代的自我感覺良好，美國佛羅里達州立大學（Florida State University）心理系對此做過分析，自我感覺良好有助於找到工作和引人注意，但無助於工作順利和人際關係。這反應在現實中就是，高度自我感覺良好的孩子，在學校時較容易表現良好，卻會產生其他麻煩。《管理新職場人力：對千禧世代的國際觀點》（*Managing The New Workforce: International Perspectives on Millennial Generation*）書中便提到：「麻煩之一便是難以接受世界真實的評價和要求，也無法滿意現況，造成貓世代『不如預期』的心理危機。」加上自我感覺良好難以調整自己，面對不如預期的工作環境，當然就是一走了之！

如果再探究深一點，貓世代之所以對環境不如預期過度敏感，其實來自於家庭。家庭是小孩首先接觸的環境，環境歷練之於小孩，像是在健身房拿啞鈴做重量訓練，年齡和啞鈴的重量應該成正比，假設兩歲拿兩百克、三歲拿三百克，五歲拿五百克，以此類推，二十歲進入社會應該要拿兩千克。

問題來了，養育貓世代的許多父母希望小孩不要太辛苦，於是盡量減輕他們重量訓練負荷的重量，於是在五百克之後幾乎就不再要求，一旦進了職場會發生什麼狀況呢？二十歲應該舉得起兩千克，但是年輕人只拿得動五百克，自然覺得職場環境賦予的重量超出負荷，還覺得企業是強人所難。萬一有魔鬼主管要求貓世代部屬立刻能拿起兩千五百克的重量，不願意面對自己不足的喵星人，就會選擇逃避。對組織而言，要面對的就是逐漸升高的離職率。

如何解決貓世代忠誠度不足

當貓世代發現職場不如預期，一種預期是比想像中差，自覺不是我要的。一種預期是比想像中容易，自覺已經學到想要的，於是想要脫身。這會有兩種情況，第一種是換部門，第二個是想離職。

第一招，祭出考量貓世代立場的紅蘿蔔，溝通公司對他們的成長規畫。

主管得先從組織策略發展來評估此人該不該留，不該留的人非但是公司的負擔，也浪費對方時間；如果是該留的人，主管要設法延長此人在公司的時間。

如果只是祭出加薪、頭銜或者擘畫願景等傳統紅蘿蔔，卻讓貓世代感覺不出為他們考量，這套誘因就未必有用；畢竟貓世代的關鍵字是「我」。這個「我」，不是指自私，而是以「我」為中心、站在他們的立場想。

理想狀況是，你要傳達出公司對他們的未來成長路徑有怎樣的規畫，在這樣的前提下告訴他們，這件事你還沒學、學完那件事對你的幫助比較大。除了提供以對方為考量的甜頭之外，當然最關鍵是要看對方有沒有興趣；啟動他們的興趣，才可以延長他們留下來的時間。但是仍然沒辦法斷定一年後，他們如何看待自己的去留。

第二招，營造讓貓世代部屬感覺有趣的環境。

除了為貓世代部屬規畫成長路徑，營造有趣環境也是方法，試試用遊戲營造競爭環境。好比現在年輕人喜歡打怪，主管就列出所有工作，然後對應到不同點數，越難的工作點數越高，接著公告這份工作與點數的兌換表，開放大家討論，徵求意見，然後讓每個人去認自己要完成的任務。拿到點數的人，主管可開放在權限範圍內給合理獎賞，諸如可以休假三天、擁有排班優先選擇。

第三招，調整改變公司績效制度，比如說把ＫＰＩ的制度改成ＯＫＲ。

這兩個差在哪裡？ＫＰＩ（Key Performance Indicators，關鍵績效指標）是是假設你有ＡＢＣ三件事情要做，公司規定你要做到事情的程度並給予考核，你做到超標，我給你一種考核，做到達標或不足，又是另一種考核。如果事情是自己喜歡做的時候就沒事，如果不是自己喜歡做的事，就會覺得痛苦，想要離職。

過去要做Ａ、Ｂ、Ｃ三件事，ＫＰＩ是主管給你一個明確的績效指標，你要完成那個績效指標。至於ＯＫＲ（Objectives and Key Results，目標與關鍵結果）最大差別在於，今天一樣要完成Ａ、Ｂ、Ｃ，但不是主管規定部屬怎麼做，而是讓部屬講出想法，雙方討論出有共識的做法，然後執行。

採行ＯＫＲ時，就是在公司的目標（Objective）之下，各部門、每個人的關鍵方法（Key Result）是讓年輕人或同仁來參與決定。怎麼達到這個目標呢？過去是公司規定，現在是上層只要目標確定，再花一個月到半年的時間來形成上下要達成的共識，並且讓部屬去做。谷歌（Google）大量使用ＯＫＲ，讓員工自己訂出要做的事情，至於怎麼達成，主管要能夠鬆手與放下權利，不去干涉和過問，而是在時間點確認部屬的進度。OKR的好處是讓員工知道你有機會從工作上多得到回饋，而這些付出和回饋是你為自己訂定的，進而增加部屬對工作的投入度和興趣。

貓世代渴望在組織內有參與感，這是過去未曾出現過的職場狀況，以前犬世代即使有參與也只能摸摸鼻子，出不了聲。但現在年輕人從小到大不僅能夠參與，還能做主。這也是犬世代在職場學習授權、下放權力的改變時機。

跨世代交心攻略

如何處理貓世代部屬忠誠度不足，導致離職率攀高？

❶ 祭出從部屬角度的紅蘿蔔，溝通公司對他們的成長規畫。

❷ 營造讓部屬感覺有趣的工作環境。

❸ 調整改變公司績效制度，例如：將傳統KPI轉變成OKR。

4 不願先付出↓↑沒確定是我要的，怎麼先付出

我有個企業學生明仁在會計事務所擔任主管，他負責帶一個針對年輕人的新專案，成員涵蓋不同部門的年輕成員。為了保持彈性，這個跨部門專案小組採臨時任務編組，既不屬於任何單位，本身也不是一個新單位，等於每位組員在原本既定的職務之外，還要額外負責專案。

第一次開會，明仁還沒來得及說明專案內容和分工，這群年輕組員倒先搶著問專案是否可以多發獎金、是否可以抵銷原本某些工作，以及如何計算ＫＰＩ。明仁本身也是借將，給不出實質胡蘿蔔，對於他們的問題也只能老實回覆說會回報給各部門主管，回歸部門主管決定。一說完，他馬上感覺到會議室內的氛圍不變，他們的興致降低幾度。

專案開始後，新計畫難免生出許多不如預期的事務，比方說，成立共同資料庫時，誰要負責維護更新。明仁發現凡是落在灰色地帶的工作，小組成員都相當被動，或者是把責任歸到其他人身上，讓明仁除了要顧自己的任務範圍，

還要忙著補位。

明仁抱怨：「明明我比較資深，但現在搞得我好像是他們的助理。有時候我已經忍不住發火了，他們還老神在在說：『這不在我的工作範圍內。』氣死我了！」

「他們的字典裡沒有『使命必達』嗎？」這是明仁最後丟給我的問題。

河泉老師破框

我在大學教了十年書，每年到畢業季，如果企業有徵才需求會拜託我到學校轉發公告，或向學生說一聲。我發現時代真的變了，當年的犬世代學生知道企業的徵人條件，會自動準備好履歷表，然後請老師幫忙爭取機會。如今的貓世代學生，會先問薪水多少、工時多長、公司福利如何，問完之後才斟酌要不要去。

犬世代來自一個資訊不對稱的時代，他們認為，我要準備百分百才能脫穎而出，可是貓世代用網路搜尋降低摸索的時間，任何不明白的事情，透過網路可以先把條件大致描繪清楚，我也能更精準判斷該怎麼做，有什麼問題給什麼答案就好，準備百分百沒有必要，是浪費時間。換言之，他們在意工作和報酬的精準交換，也就是CP值。

別讓貓世代憑空摸索

多數犬世代相信，繞遠路多學到就是你的。老實說，他們也未必知道到底路要怎麼走，就是期待貓世代部屬先做做看，有問題再來解決。到底你多做這些事可以得到什麼，以及要花多長的工作時數，犬世代也講不清楚。但貓世代就會覺得因為沒說清楚，導致明明可以花一小時做的事情，現在要用上三小時；你是浪費我兩個小時，這兩小時我其實可以多完成其他CP值更高的工作項目。如果多做的事務又不在工作範圍內，對貓世代來說，這叫做「白工」，做這種「白工」和「白癡」沒兩樣。

犬世代主管面對習慣「謀定而後動，有推才會動」的貓世代部屬，有三個解法：

第一招，從動機下手，啟動按鈕。

假設犬世代主管碰到這類型的貓世代部屬，交辦任務之後，你要告訴部屬「為什麼要做」，強調該任務的價值感，進而啟動他們行動的按鈕。人有兩種行動的按鈕：物質或精神。物質型部屬的按鈕就是「誘之以利」，包括加薪、升遷、獎金等等；精神型部屬的按鈕就是「動之以情」，包括企業願景、強調對方的不可取代性等等。

任務的價值要講得清楚，也要講得好玩、有趣，如果你天性嚴肅，講話不有趣，也要想辦法講到讓人願意執行。

第二招，提示工作方法和路徑，不讓部屬憑空摸索。

別忘記貓世代不是摸索的世代，你講完任務的價值後，得讓他們清楚知道任務的目的、內涵和清楚的範圍，讓他們有個地圖可以按圖索驥，不能讓他們憑空摸索。這不是懷疑貓世代的能力，而是萬一他們摸索的方向與你沒有共識，最後要你來收爛攤子，下場更慘。

假設完成一項任務有五個步驟，你不能讓五個步驟全部都空白，全部留給貓世代部屬摸索，你要留一個或兩個空白步驟，同時給兩、三個提示，讓他們先有興趣去完成其中一步，後面留一、兩個空白的內容讓他們循線解決問題。

第三招，用「六十秒問候」建立「有社交距離」的私交。

很多犬世代主管的習慣是公事公辦，公歸公、私歸私，上班時候可能和你很好，但下了班就各自解散。貓世代部屬對這樣的上司會覺得值得敬重，但不會更進一步有「你懂我」的感覺。況且，敬重歸敬重，貓世代也不會喜歡他們，因為在喵星人心中，敬重與喜歡是兩碼子事。「敬重」，就是公事公辦；「喜歡」，才會願意多為你付出。

其實這也和對待客戶一樣，如果今天為了得到客戶的訂單，你除了正式拜訪之外，還會陪他打高爾夫球，因為光是正式拜訪，就算講得再完整也不見得可以拿到訂單。

要和部屬建立私交，絕對不是變成好朋友這種私交，而是建立「有社交距離」的私交。茶水間是最容易建立「有社交距離」私交的地方，但多數時候大家都行色匆匆，洗完手、倒完水就走人，最多十秒鐘，建立不了私交。主管要把問候時間從十秒拉長到六十秒，對方才會有感覺。

多出來那五十秒要談什麼話題呢？答案是：F、O、R、M。

（一）F是family（家庭）：至少先搞清楚對方是單身還是已婚，然後問候他們的家人。

（二）O是occupation（職業）：和他們聊聊最近做些什麼、工作狀態如何，但不要問工作進度。

（三）R是recreation（興趣嗜好）：談談工作之餘的休閒活動，男生聊體育賽事，女生聊追劇，至少可以中八成。

（四）M是money（錢）：聊股市、房市，以及各種存退休金的方法。

六十秒時間不長，整個對話完成大約三次到五次的來回問答，當中不能都是你一個人講。此外，雖然這些都是輕鬆話題，但聊的時候務必要雙眼直視對方，不要左顧右盼、形色匆忙，讓對方一眼就認為你在敷衍。萬一你真的很忙，也不要勉強聊六十秒，等有空再說，順其自然為上。

別小看「六十秒問候」，等你和貓世代建立起「有點黏又不會太黏」的社交距離的私交之後，哪天又遭遇灰色地帶的事務時，你試試看順水推舟請他們「幫忙」，而不是指派新任務，屆時你便能體會投資短短六十秒，帶來的便利和順心。

跨世代交心攻略

如何破解貓世代部屬計較工作和付出？

❶ 從動機下手，啟動按鈕。

❷ 提示工作方法和路徑，不讓他們憑空摸索。

❸ 用「六十秒問候法」建立「有社交距離」的私交。

5 學習意願不足➘➚這個那麼簡單幹麼學

我幫很多壽險業主管上過課，佳芳是一年業績破億的天王級壽險顧問。剛出道時，她為客戶做稅務規畫，為了服務客戶，硬K稅法，還陪客戶打稅務官司，最後不但弄通稅法，還取得相關碩士學位，之後專注走高資產客戶和家族的遺產和稅務規畫。佳芳的超級業績，可以說完全來自她的學習精神。

佳芳在公司內部開稅務規畫課程，讓年輕業務同仁也能培養專業知識。學員不問問題也就罷了，她發現，課堂中的互動討論，學員不太思考，經常把她的問題輸入Google，回報網路的資訊；每次交的作業，八成內容是從網路上搜尋相關資訊剪貼而成，不是吸收知識後的反饋。

「大家不要什麼都靠Google，多用腦然後表達自己的觀點，才有真的學到，」佳芳忍不住苦口婆心，「二十世紀最偉大的物理學家之一愛因斯坦，死後捐出大腦給醫院解剖，結果發現他讓自己學習又思考，大腦皺褶因而很多，比一般人多了十五%，大家加油！」

「把我的大腦剖開一定平得跟豆腐一樣！」一個學員回應。全場哄堂大笑，唯有佳芳笑不出來，心情比沒成交時更沮喪。

河泉老師破框

現在企業界流行談「打造學習型組織」，這是所有轉型項目裡最困難的，因為「學習」並非動物本能行為，不是天生，也不可能無緣無故被觸發，而且如果不出於主動，學習無法持續，也看不出效果。學習，是需要經過累積、且後天培養的習慣。

貓世代學習意願偏低，和前文提到的網路崛起有關，這讓他們不再探索。舉個最簡單的例子，早期我在銀行上班，陪客戶看房子準備辦理房貸的時候，客戶會要求我們計算土地增值稅，所以見客戶前，我們要背土地增值稅的計算公式，可以當場幫客戶用計算機算出來。但現在的做法完全不用背，只要輸入電腦或手機，答案就會出來。

場景換到職場，假設公司需要員工會ＡＢＣＤＥ五項技能，但有個員工只具備Ａ和Ｂ技能，直覺反應會想他是不是要花其他時間學到ＣＤＥ？如果該員工是犬世代員工，他會在最短時間內學完ＣＤＥ。但換成是貓世代員工，他會為自己配速，一次學一點資訊足以完成眼前任務即可，他們不再認為學習需要累積，而是可以一鍵觸及就有答案，花那麼多時間學幹麼？

這種學習心態對企業會產生什麼後遺症呢？一旦這類員工越多，代表一家公司的意見同質性偏高，看待問題的角度會變成一言堂，也無法洞察問題背後的痛點所在，容易淪為「頭痛醫頭，腳痛醫腳」，只能治標而無法治本。當一家公司絕大多數的思考和精力都花在解決眼前的問題，而無法思考解決真正的痛點，如何對未來預先準備，只會被取代或被市場淘汰。

我常說，網路可搜尋到的，叫「資訊」；內化資訊而條理分明用出來，才叫你的知識。知識或專業指的是你可以對著一個鏡頭侃侃而談兩分鐘，中間不需要任何思索，就能讓別人聽得下去、覺得入迷或是有趣的內容，我認為這種才是一輩子的財富。

如何提升貓世代的學習意願？

想要改善貓世代學習意願偏低有幾個做法：

第一招，燃起他們對工作的熱愛。

有句話說：「擇其所愛，愛其所擇。」如果員工還在面試階段，尚未成為公司正式員工，在進來工作之前，就要幫助他們在公司裡選擇到自己喜歡的工作項目和內容；如果已經進來工作，便要幫助他們喜歡自己的選擇。

舉例來說，有個年輕人進入財務部門擔任會計，他來應徵只是因為大學讀會計，不會想再多學習相關法規或規範，這時候我要從他的個性當中去找出某些特質，並幫助他琢磨出興趣。比如他喜歡和人互動，在安排職務的時候便可把他放在面對客戶或查帳性質的工作，讓他因為工作而願意多學習溝通和表達的專業。

第二招，讓他們知道多學習有助於發展未來。

很多時候，年輕人不願意學習，是因為不知道花這麼多力氣學習有什麼好處；如果可以，主管能不能幫他們找到學習標的？這些標的未必只在原定工作上，也可以在工作以外、甚至未來發展的好處。

舉例來說，有位擔任行政的貓世代部屬，他對行政不感興趣，但對做業務有熱忱或是憧憬。在工作過程中，我會鼓勵這位部屬試著在行政過程中多和人互動，在行政的工作裡注入業務工作的特性。主管也可以在工作內容中刻意為部屬增加與人的互動過程，讓他產生學習的興趣，或許有一天他因為多了這些互動，改去當業務，讓他為自己的未來培養多種可能。

第三招，用非正式的檢測提升學習意願。

學習需要驗收成果與得到成就感，否則會讓人感覺太過虛無縹緲，不知所為何來。事實上，學習的結果需要拿來運用與被檢核，才會讓當事人產生成就感與持續下去的意願。比方說，常有人跟我講他每個月看完多少書，然後呢？如果沒有訂出檢核的標準，諸如寫下讀書心得與人分享，只等於學會一半。

所以在部屬學習過程當中，主管能不能協助做一些驗收？能不能做幾項小考試加深他們的學習？比方說，先前我和念大學兒子共讀一篇文章〈怎麼跟老闆爭取加薪〉，看完之後我習慣問他們有什麼心得，要求他們分享。這種非正式、輕鬆的檢證和測試，反而更有助於他們思考和吸收。

第四招，用時間管理的黃金三角培養學習的習慣。

人一天要三種時間：（一）本分時間，比如大人的本分是上班，學生的本分就是上課，大約八到十小時。（二）休閒時間，包括吃飯和睡覺時間。（三）學習成長時間，指的是本分之外的學習。大多數的人，前面兩種時間幾乎就等於二十四小時，我常說：「成功的人會贏在下班後的三個小時」，我奉勸大家每天撥個三十分鐘到一小時，專注在一件事情，然後花兩分鐘說給別人聽，沒多久你會成為學習達人！

跨世代交心攻略

如何提升貓世代部屬學習意願？

❶ 燃起他們對工作上的熱愛。

❷ 讓他們知道多學習有助於發展未來。

❸ 用非正式的檢測提升學習意願。

❹ 用時間管理的黃金三角培養學習習慣。

6 不知道自己要什麼↕我的選項太多

在科技業的老闆俊成，曾經和我聊到一位年輕人國真。兩年前，剛畢業的國真加入公司擔任軟體工程師，他寫程式又快又好，也積極學習新程式的寫法，老闆俊成大為欣賞他，半年前把他升為小主管，負責帶幾個工程師。

沒多久，國真找俊成懇談，說自己不擅長帶人，請讓他回歸單純工程師的身分，俊成的確也聽到國真的部屬抱怨他太過嚴苛、情緒化，於是取消國真的主管職，讓他專注寫程式。

幾個月後，國真又來向俊成反應，還是希望給他機會練習當主管，但這次可否當專案主持人，用專案方式帶人？俊成也答應了國真。沒想到國真不久又來跟俊成說，自己也不適合用專案方式帶人，於是又當回軟體工程師。

俊成很惜才，但是被國真搞得很煩，找來國真問他到底怎麼了，結果國真對俊成說了真心話。

「無論當不當主管，原本以為我都適合，但後來才發現不是那樣，」國真苦惱的說，「光寫程式很無聊，可是當主管，我又不喜歡教人，帶專案的壓力也很大。我根本不知道自己要什麼。」

河泉老師破框

像國真這樣「不知道自己要什麼」，是貓世代的常態。

我曾經在一家有名的服務業做企業內訓，該公司總經理是位女強人，連續幾年創造業績高峰，但是上課的過程中只要提到親子關係，她便顯得黯然。她在課後分享提到，她的兒子今年要讀大學，不知道自己要什麼，對任何事都沒興趣、沒動力，也沒熱情，利誘威脅都沒有辦法，這件事情很困擾她。

「不知道自己要什麼」的背後有兩種可能：一是想要得太多而迷失方向，不知道什麼適合自己，以至於選不出來。二是沒有想法，也沒有期待和目標，碰到什麼就做什麼，沒有選擇的習慣。

「太多而選不出來」，源自於當代資訊爆增速度是史上最快的，貓世代每天主動、被動接收到的資訊量也是前所未有的廣泛和快速，當中的成功紀錄或經驗也比從前多元許多，各種創業成功的典範，從傳統創業家到網紅、娛樂圈偶像、電競選手等等。好處是成功典範的類型越來越多元，壞處是看完眼花撩亂，更不能確定哪個類型適合自己。

至於「沒有選擇的習慣」，原因在於多數貓世代從小到大被安排走在設定好的道路上，從國中、高中到研究所畢業，都按照父母的期待，對自己選擇的科系沒有興趣，也非自己專長，甚至發現自己根本沒有明確的興趣，便容易被環境和當下的感覺牽著鼻子走——想效法明星網紅當網紅，卻忽略自己缺乏表達能力和鏡頭前的創意；愛唱ＫＴＶ去參加選秀節目，卻忽略自己沒有舞台經驗；聽到台灣很多咖啡冠軍便想當咖啡職人，才發現自己沒有品嘗咖啡的熱情；想學文青享受開咖啡廳的悠閒，卻沒有經營的態度和思維。

「不知道自己要什麼」內耗組織元氣

不管哪個世代都會碰上不知道自己要什麼的茫然，認識自己、探索自己原本就是古老恆久的功課，但在貓世代之前的犬世代如果不知道自己要什麼，多半是因為出路有限，因而被迫或自願接受現狀，愛其所擇。

但貓世代的困擾反而在於選項太多，因而喪失探索自己的空間，聽不見自己內心的聲音，讓他們成為史上最無所適從的一群，一旦感覺和刺激消失，便認為眼前的工作不適合我、不能從中學到東西、對未來沒有幫助，也開始蠢蠢欲動。他們面臨的課題是擇其所愛。

可別以為「不知道自己要什麼」是個人的事，對公司影響不大，事實上當這群人進到公司後，普遍都「不知道自己要什麼」，工作對個人缺乏意義的連結，單純是賺錢的工具，我稱之為「工作無感症」，要麼是表面上聽命行事，但缺乏主動和當責的心態，做任何事都很難突破，間接把工作轉嫁給其他人；不然就是發現工作無可無不可，隨時心猿意馬、準備離職，增加人才流動的隱性成本，是組織內耗的元凶之一。

最恐怖的是，「不知道自己要什麼」是種組織內傳染病，只要有少數人出現這種徵兆，便會逐漸傳染給其他成員，形成組織氛圍，這時主管可就慘了。

如何幫貓世代找到自己要的？

為了避免讓貓世代部屬因為不知道自己要什麼，造成組織內耗，犬世代主管可以參考以下的方法：

第一招，主動找新進同仁面談，了解個人規畫和目標，掌握狀況。

貓世代進入一家公司的理由百百種，面試時會迎合主考官的心態說出光明正大的答案，但真正理由可能是騎驢找馬，甚至根本無從想像，好比網路上說這家公司很酷、在這裡上班好把妹。總之，人未必到最喜歡的公司上班，只會到被錄取的公司上班。

所以當貓世代一進公司，犬世代主管要最好能夠先找來一對一面談，側面了解對方內心真正的想法，趁機觀察他們對這份工作的痛點和熱點在哪裡，有助於日後培養工作熱情，抑或當熱情熄滅，知道哪裡可以添柴助燃。

第二招，主動建構工作的意義和價值，協助部屬找到著力點。

如果你努力過，但貓世代部屬還是說不清自己的想法，此時犬世代主管乾脆進入這一步，讓貓世代部屬不管知不知道自己要什麼，先認同公司的目標和文化。

透過建構這份職務的意義和工作價值，串聯起對方個人對意義的追求，例如可先和對方說明清楚未來工作的官方工作描述，然後進一步闡述這份工作對公司的貢獻、影響和價值。總之，犬世代主管萬一找不到貓世代部屬對工作的熱情所在，無法投其所好、點燃工作熱情，就改成訴求願景和夢想，創造想像空間，誘發貓世代去追求，好比說「改變世界」、「改變產業生態」、「讓台灣更好」等等，也有機會讓他們意識到自己的工作帶來的影響力其實不小。

第三招，交辦不同性質的任務和挑戰，觀察部屬長處並調整。

最後一步，姑且不論他們到底有沒有找到自己要的，犬世代主管不妨交辦不同性質的任務和挑戰給貓世代部屬，從過程中觀察並找出他們的長處和適性之處，如果有可能和機會，盡可能為他們調整職務到適合的位置和工作內容，並且幫助他們強化、放大自身長處和適性之處，看見自己的優點，加深對自己的肯定，一天比一天更好。

前奇異公司執行長威爾許（Jack Welch）曾說：「成為領導人之前，成功的重點在於幫助自己成長；成為領導人之後，成功的重點在於幫助別人成長。」而你，已經成為領導人了嗎？

跨世代交心攻略

如何協助貓世代部屬找到自己要什麼？

❶ 主動找新進部屬面談，了解個人的規畫和目標，掌握狀況。

❷ 主動建構工作的意義和價值，協助部屬找到著力點。

❸ 交辦不同性質的任務和挑戰，觀察並找出部屬長處並調整。

第四章

愛自由

突破成規，在彈性自主中達成目標

1 沒有責任感↔分內的事情，我一定做好

有個百貨公司的主管告訴我一件傷腦筋的事，小彭是化妝品業務員，負責百貨公司通路，今年年中慶剛過，他的業績很不錯，他很開心領到進公司的第一筆獎金。年中慶之後，百貨公司端向小彭的主管欣華反應，有些客戶的體驗意見提到產品使用起來對皮膚太刺激，百貨公司希望有詳細且專業的說明，希望小彭主管代為處理。

於是，欣華對小彭講，產品賣掉之後，業務需要追蹤客戶的售後評價，並且協助解決客戶痛點，才算完整的銷售服務，希望小彭代百貨公司向客戶說明，同時擬訂對應的說法給百貨公司櫃位的銷售人員，讓他們以後知道如何應對客戶。

小彭卻拒絕了，他認為自己的工作是銷售和服務通路，這個任務他已經在年中慶之前完成，也因此可以拿到獎金。但客訴是另外一回事，不能說只要和百貨公司通路業者相關的事務都算到他頭上，這兩件事明明不能混為一談，解

決消費者的疑問不關他的事，公司不能把不歸他的責任加給他。

欣華不願動用主管權力逼迫小彭處理客訴，但聽了他拒絕的原因覺得頭很大。畢竟，沒有一個任務的責任劃分可以百分百清楚，特別是「服務客戶」更難界定分明，萬一小彭的想法成為新進人員的常態，該怎麼辦？

河泉老師破框

就算公司內部對每一個職位都有詳細責任範圍劃分，永遠都會有不知該歸誰的灰色地帶，特別是現在的企業對內要轉型、對外要應對大環境變化，越來越多以前沒有過的任務和計畫，根本很難劃分。

這些無法歸屬的灰色地帶，對「共體時艱、顧全大局」的犬世代而言，是證明自己當責能力的時候，也是增加自己在組織能見度的好機會，所以他們往往二話不說扛起責任。貓世代對此就不以為然，他們已經習慣把責任切分得很清楚，即使要證明能力也是要在自己的職責範圍內，之外的事情不干我的事。

如何提高貓世代當責的意願

在組織內，責任範圍除非是法定、有白紙黑字具體寫清楚，否則以口頭討論或約定，雙方價值觀倘若又不一致，必定會出現各自解讀的現象。

以小彭和欣華的例子來說，小彭認為他的責任是銷售，衍生的後續服務，不能包含在他的工作範圍內，應該請後端的客服部門解決。但是欣華認為，基於職務分工雖然你是業務，不過最熟悉客戶和產品的是你，就算沒有法定責任，也有道德責任，所以不能說這不算你的責任。真是公說公有理，婆說婆有理，該如何是好？以下是我提出的解方：

第一招，把責任制度化，立下白紙黑字，取代自由心證。

犬世代主管處理責任、義務或權利等相關事宜，千萬不要期待「以德服人」，天真的以為對貓世代部屬用「團隊觀念」、「當責」等觀念曉以大義，會有持續而明顯的效果，更不能直接下達命令，讓對方就範，這會產生反效果。

最有效的辦法是思考如何把原本不隸屬工作範圍內的責任義務，與考績、獎懲制度串聯，先以獎勵誘因當做權利提供，等到接受後再商量調整為責任和義務，讓部屬漸進接受。

第二招，給予部屬練習處理責任的時間和機會。

貓世代不願意當責的原因：第一個是能力考量，覺得自己做不到，不要自毀長城，讓自己丟臉。如果你面對的貓世代部屬不願當責，是出於此類原因，主管要先確認部屬的能力與即將賦予的責任是否相襯，不要一下子賦予太沉重的責任，並提供技巧的指導，同時要給他們反覆練習的時間並從旁指導，讓部屬有短期戰功和成就感，知道自己有完成的能力和機會，培養自信心。

扛起責任就像重量訓練，必須長久練習，遞增重量；人不會天生就能舉一百公斤，都是透過不斷練習。

第三招，凸顯責任的個人意義，提高貓世代部屬主動扛責任的意願。

另一個貓世代不願意當責的第二個原因，不是出於能力，而是出於意願。雖然知道自己可以扛得起五十公斤的責任，可是不在我的工作範圍內，不扛責任，公司也不會開除我，既然如此，幹麼要給自己壓力，破壞生活平衡？小彭的例子便是如此。

對於部屬是否具備成就動機，主管有很重要的引導責任。當貓世代部屬對於承擔額外責任的意願偏低時，主管不妨從建立個人品牌的角度切入，告訴部屬多跨出舒適圈學習新能力，有助於建立個人品牌，小到對自己的履歷表，大到對未來發展都會有幫助，公司付你薪水幫你建立個人品牌，連帶又可創造團隊價值，何樂不為？

歸根究柢，無論犬世代或貓世代，責任與壓力是同義詞，逃避責任是人類天性，但世界不是無塵室或減壓艙，沒有哪裡沒有壓力，大家都痛恨壓力但無法卸責。人生的真相只有四個字：先甘後苦或先苦後甘，你要哪一個？

既然如此，「正視責任、耐心面對」，反而是最有效的工作心法。

跨世代交心攻略

如何培養貓世代部屬當責？

❶ 把責任制度化，立下白紙黑字，取代自由心證。

❷ 給予部屬練習處理責任的時間和機會。

❸ 凸顯責任的個人意義，提高部屬主動扛責任的意願。

2 缺乏時間觀念→←我有自己的時間表，別催我

如萍是出版社資深主編，她最重要的任務之一便是掌控作者的截稿時間；這幾年她發現這件事情越來越難，年輕作者遲交稿的機率比以前高出很多。

一開始如萍也使出慣用的恐嚇扣稿費或哀求的情緒勒索，讓作者準時，但效果有限，反正他們就是雙手一攤，硬是不交稿。他們的理由包括：靈感逼不出來、沒有寫稿的心情、希望寫出更好的稿子。因為作者想要寫出好稿子，如萍也不能說什麼。

但最嘔的是，交不出稿的作者還有時間在臉書、ＩＧ上頻頻更新動態，為了買人氣吐司，還能提前一小時去拿號碼牌。如萍氣到要爆炸，可是對方就是抱定不交稿。

結果，所有的壓力全都轉嫁到如萍身上，而且有兩、三本書因此而延遲上市，主管認為她盯進度不夠緊，使她有苦說不出，身心俱疲。

河泉老師破框

我聽很多犬世代主管抱怨過貓世代部屬缺乏時間觀念，比如說上班遲到、開會不準時、拜訪客戶晚到、資料到截止時間交不出來，這些都是主管們認為年輕人時間觀念不夠之處。有趣的是，偏偏他們下班時間就很準時。

貓世代的時間管理包含兩部分：自我的時間與團隊的時間。當前的癥結在於：犬、貓世代對時間安排的先後順序出現落差。犬世代把團隊時間放在自我時間之前，但貓世代相反，依照自己的時間表排列處理事務的優先順序，而不是優先處理團體事務，有時可能導致降低團隊效率。

除此之外，時間的約束也可能被拿來當做無法面對壓力的藉口，他們其實不是沒靈感，也不是求好心切，只是單純不喜歡面對時間壓力。

犬世代當然也有這種隨順自我時間表的人，大家還稱這種人是「藝術家性格」。然而，現在的貓世代以自我時間表為準成為常態，而且視為理所當然。所以對犬世代主管而言，關鍵在於，要用什麼方法去說服貓世代的部屬暫時放下自己的時間表，願意去遷就團隊時間表。

觀察、沉住氣與閉嘴，磨合共識

許多犬世代主管跨不過去，心想：我幹麼放下身段？為什麼要配合他們？我建議你，認了吧！時代趨勢已經不可逆，希求在逆勢中尋找可逆的方法終不可為，還是放下身段順勢而為，調整自己才是王道。

調整自己最簡單也最困難，犬世代主管可以怎麼開始呢？

第一招，犬世代主管觀察貓世代的時間表。

假設犬世代主管、貓世代部屬分屬兩個時區，主管就得去看部屬怎麼安排任務的先後順序。假設主管排序是ＡＢＣ，可是部屬的排序是ＣＡＢ，或者他和我的排序一樣是ＡＢＣ，但在ＡＢＣ之前加上自己認為更重要的「甲」，變成「甲ＡＢＣ」。

主管如果要讓雙方處理事情的先後順序產生共識，進而管理部屬安排事務的邏輯，必須去了解部屬安插在ＡＢＣ之前的甲是什麼？又如果部屬的先後順序是ＣＡＢ，而不是ＡＢＣ，為什麼會這樣？了解之後，說不定有機會說服他把自己的ＣＡＢ，調整成與你一致的ＡＢＣ，這就是雙贏，但前提是不能先批判，要先了解和認同，慢慢去了解他在想什麼，你才能去調整他內心的順序，配合你的時間。絕對不能出手壓制，或者是要求他立刻改，這百分之兩百會有反效果。

第二招，和貓世代部屬商量彼此都認同的任務排程。

這一點有難度，你得先安排一個與部屬一對一的談話時間，針對雙方任務排序不同，溝通與了解彼此思考任務順序的邏輯，再重新調整到彼此都有共識、可接受的排程。你必須要求對方押一個時間期限，期限內不管他採取什麼順序，仍然必須完成ＡＢＣ三件事。切記，時間期限必須由對方確認，不能由你指派。而且你要告訴對方：「我不管你什麼順序，如果你能在期限內交出來，我就尊重你。」

但是你要設定一個具體的框架，「具體的框架」有兩個考量點：一是交來的品質要好，二是要在時間期限內。如果部屬兩點都做到，表示他採用更適合自己的工作流程，還能完成任務，以後你未必要按照你的順序，完全尊重部屬的順序安排。萬一部屬做不到，再請他按照你的邏輯，他才會心甘情願調整。

第三招，時間期限到之前請閉嘴。

既然雙方約定好時間期限，你也得有肚量放手讓部屬去做，不做任何干預，免得到最後事情完成不了，貓世代部屬還把責任歸到你頭上，如此一來，你會更沒理由請他按照你的時間順序做事。

留意酸葡萄心理

犬世代主管有時之所以被貓世代部屬激怒，或許是出於酸葡萄心理作祟。因為每個人都想按照自己的想法做事，但是犬世代多半在壓抑個人的氛圍中成長，與貓世代的成長氛圍剛好相反。貓世代在現今的環境下，若按照自己的想法做事，有人反而會認為是創新與聰明，犬世代的做法和想法反而被認定為奴性與老套。

從人性角度來剖析犬世代的心理，他們看貓世代難免會非常不順眼，相當不爽，甚至自認過去是受害者，今天也不想讓貓世代好過，才能平衡一下心理。但這只會加深世代對立，增加更多問題內耗組織的運轉效能。

事實上，犬世代何不用貓世代思維想一想，自己真心喜歡什麼？你的追求是什麼？你可以選擇什麼？以及你為什麼要這麼選擇？你想清楚了，就更理解貓世代的思考邏輯，犬貓才會共創未來、共享價值。

跨世代交心攻略

如何和貓世代部屬溝通任務時間表？

❶ 觀察部屬時間表。

❷ 和部屬商量出彼此都認同的任務排程。

❸ 時間期限到之前請閉嘴。

3 下班不待命↔下了班就是我的時間

碧玲在一家責任制公司上班，是企畫部門新進同仁，配合度高、英文好，老闆把邀請外賓等大活動都交給她。但她相當堅守「下班時間是自己的」工作原則，因此下班以後，很難找到她。

有次幫客戶辦活動，邀請美國學者來台灣演講，因為時差的緣故，對方工作時間和台灣剛好差十二小時，多數同事會在下班的時間聯繫溝通，否則按照雙方上下班時間溝通，一來一往便晚一天。但碧玲仍然非常堅持下班就是下班，公事只有上班時間處理。

有一天，對方十分火急要求公司回覆一件事，可是因為碧玲下班不願意處理，小主管怡君於是幫忙回覆。但等隔天上班，碧玲卻向怡君表示，希望以後不要插手她的分內事，她上班自會處理。

「不感激也就罷了，還怪我多事！」怡君感覺自己好心被當成驢肝肺，找我吐苦水。

「不過，碧玲這個工作習慣有對公司造成什麼負面影響嗎？」我問她。

「倒是沒有，」怡君想了想說，「只是工作上有緊急需求，她是新進人員卻不自動待命，萬一出狀況，怎麼辦？讓我很害怕。」

河泉老師破框

儘管很多犬世代主管抱怨貓世代抱持「下班時間是自己的、不歸公司」的原則，但這個貓世代工作習慣其實沒有對錯，對公司未必會造成負面影響，反而是犬世代心裡感覺不爽在作祟。

犬世代過去很在意向上管理，習慣以主管為依歸，主管隨叫隨到，他下班我才下班。可是貓世代把上下班時間劃分得很清楚，下了班就是自己的時間，做自己的事。

嚴格說來，現在的職場已經沒有上下班時間之分，主管二十四小時隨時傳達公事指令，尋常狀況下，部屬也會即時回覆，但主管發覺現在貓世代只要下班就去做自己的事情、找不到人，和他們過去的經驗天差地別，便很難釋懷：

「萬一公司出緊急狀況怎麼辦？」貓世代會告訴你：「不要為了『萬一』，耗損我的生活品質。」

貓世代並沒有錯，只是犬世代的「忠狗」性格延伸成為習慣，但這種習慣竟然無法沿襲，心靈難免會失落，心中的OS是：「為什麼你們可以，以前我都不行？」

這就是媳婦熬成婆的心態，好不容易苦盡甘來輪到我當婆婆調教媳婦，沒想到媳婦竟然可以不受教，自然覺得忿忿不平。

時代在改變，現在是犬世代該試著走出習慣的時候了。問題是我在上課中遭遇的企業主管，不能接受改變的犬世代主管高達七、八成左右。主管不是不明白，但是做不到。許多主管甚至還盤算，反正還是有人願意投入公司，雖然流動率高，但只要工作能保住就好。

部屬下班不待命，主管如何調適？

如果你是存著這種僥倖心理的犬世代主管，我得告訴你，如果每次遇到貓世代難溝通、不聽話就換人，重新找人、培訓的成本，遠遠超過花時間調整雙方關係的成本，更何況你換進來的新人未必比較好，風險高又浪費組織成本，倒不如面對貓世代部屬，好好修補彼此關係。該怎麼適應貓世代部屬下班不待命呢？

第一招，犬世代主管要轉念放手。

貓世代這個觀念其實沒有不對，所以犬世代主管必須轉念放手。何不鼓勵他們好好利用下班時間去投資自己，創造出有助於個人與公司未來的事情？

鼓勵貓世代員工下了班可以遠離公司事務，做自我進修或自我開發。如果下班進修充電對工作與自身興趣有助益，或者可以紓發壓力、轉換心情，回到公司就能重新振作，反倒是好事啊。

犬世代要換個角度思考，這樣做對公司有壞處嗎？其實影響有限。況且若是部屬準時下班對公司的影響，只有主管找不到人引發不安之類的小惡，卻能創造出意想不到的利益，我們的眼光何不放長遠些？如果他們能在下班後平衡自己，讓隔天上班時恢復更強大的能量，這便是大利。

第二招，關心六十秒，不能放牛吃草。

還記得前文提過的「關心六十秒」嗎？在茶水間、走廊間遇到部屬，分享自己下班後做什麼，也聊兩句他們下班後的生活：學習嗎？運動嗎？休閒呢？還是與家人相處？

一方面關心他們下班時間的安排，讓他們感覺受重視，符合他們內心的自我感覺良好，有助拉近彼此距離。另一方面，當你對部屬的生活面向、人格特質了解越多，越有助於你日後在工作上協助他們發揮長才，更能幫你完成任務，利人利己。

第三招，留意不公平引發的相對剝奪感。

放下對部屬下班時間的掌控欲是好事，但畢竟不是每個人都習慣把下班時間留給自己，還是有部分貓世代部屬配合犬世代習性，會隨時待命、處理緊急狀況。不過你要特別留意公平問題，因為基於人性，當你遇到一些重要事情、需要有人解答時，很容易只會找這些配合犬世代習性的貓部屬，忽略掉責任分工與歸屬。而且事後或許覺得這些都是小事，你也沒有為他們記功勞。勞逸不均、付出沒被看見的結果，會讓這群配合犬世代習性的貓部屬產生相對剝奪感，覺得主管不公平。

如果遇到這種狀況，我會對他們講一個重點：去做這些事情獲得的經驗是自己受益。每個人都可以選擇，你要爭一時，還是爭千秋？爭一時就和其他下班找不到人的同事一樣，但爭千秋是利用機會多歷練，讓自己累積經驗、快速成長，你要選哪一個？

另外，主管不能只有口頭說服，也要和部屬講得很清楚，讓他們明白，可以選擇下班後不必待命，畢竟那段時間是你的，任你支配，不過如果你願意在下班時間讓人找到、提供支援，日後的表現機會就比較多，考績好的機率也比較高。

我還是再次強調，貓世代奉行「下班時間是自己的」原則，沒有對或錯，它不過是兩個世代對這件事的觀感和做法不同。犬世代主管會因此發怒，或進一步訂出很多奇奇怪怪的規定要貓世代遵守，讓雙方相處起來感受欠佳，容易累積負面情緒，導致明裡暗裡針鋒相對、無法凝聚共識，造成內耗。

所以我不論斷對錯，只是單純告訴大家，藉由調整想法和做法，讓犬貓兩個世代能夠達成共識，就會避免很多溝通上的糾紛和對立。一旦消弭對立和鴻溝，最寶貴的團隊共識才會降臨在組織中，帶來高績效。

跨世代交心攻略

如何適應貓世代部屬下班時間不待命？

❶ 主管要轉念放手。

❷ 關心六十秒，不能放牛吃草。

❸ 留意不公平引發的相對剝奪感。

4 做事沒效率↓↑我做喜歡的事超有效率

我在大學教書超過十年，每到學期末交代期末報告的截止時間，不免要來一次討價還價。我對學生說，我們的課是每週一下午五點到八點，下星期一上課時間交報告。

話才說完，學生馬上怨聲四起，開始討價還價：「老師、老師，可不可以下下禮拜再交，因為下個禮拜已經要交兩個報告，再加上你這一個，我們要交三個報告！會死人啊！」

不知道其他老師怎麼想，我拒絕了，我說：「如果事情這麼多，你們該學習分配時間完成事情，而不是用一個報告花三天，兩個六天，所以做不完我的報告，幹麼來拗我呢？」學生哀哀叫，無法改變我的決定。

到下個禮拜一交報告時，神奇的是，各組都乖乖交了作業。他們辦到了。

原來，他們不是沒有完成的意願，也不是做不出報告，而是沒有掌握時間的能力。

河泉老師破框

對很多貓世代年輕人來說，時間的滋味是甜美的，他們的信條是：「時間就該揮霍在美好的事物上」。雖然現實並非如此，仍然忍不住說一聲：「年輕真好！」想我當初也年輕過……

可惜職場不是揮灑青春的場合，犬世代主管期待部屬應該在約定時間內完成任務，部屬就該超前或按時完成。只是，不管哪個世代，都會有人不符合主管預期，此時便會被主管貼上「沒有效率」的標籤。

對犬世代主管而言，有沒有「效率」等同於有沒有在期限內完成，標準只有「期限」。但對貓世代而言，「效率」未必與「期限」有關，而與個人喜好有關——喜歡的事情效率極佳，提早完成、多想多做都不是問題，但是對自己不感興趣的事情，效率倍減。

偏偏在職場的做人處事要顧及許多眉角，限制很多，貓世代部屬很容易因此提不起勁，諸如跨部門合作的專案，通常因為要整合不同部門資源，影響層面大。

但如果因為貓世代提不起勁、懶得溝通，只要其中某個步驟卡關，便會影響計畫進度，造成整體企業的損失。

如何提升貓世代做事效率

身為犬世代主管，有沒有辦法降低貓世代部屬效率不彰造成的風險？

第一招，給部屬「以終為始」的觀念。

所謂「以終為始」，「終」指的是計畫或專案的結果，「始」指的是計畫或專案的啟動。部屬在依據計畫或專案來做時間規畫時，關鍵原則不是「有多少事情，非得花多少時間完成」，而是「只有多少時間，必須完成多少事情」，也就是用計畫或專案的「始」到「終」的期限，回推每件事情平均只有多少時間可用。

舉例來說，假設未來七天內要交三個報告，要讓部屬思考如何在七天內完成三件事，學習如何利用有限的資源解決問題，而不是計算做一個報告需要三天，所以三個報告需要九天。現實中，時機是不等人的。

貓世代部屬無法「以終為始」，很大的因素來自擔心自己做不到、怕失敗，所以不願面對壓力，越不願面對壓力便越拖延問題解決的時間，效率自然不彰。要提升他們的效率，就要改變他們對自己的看法，不能讓他們一開始便覺得做不到。

主管一開始可以誘之以利，告訴貓世代部屬做事「以終為始」的好處：（一）看到自己更多可能：壓力會激發潛能。（二）因應未知的挑戰：職場和人生就是不停的挑戰，趁早養成接受挑戰的習慣，不逃避挑戰，等著迎接未來更大的挑戰。

第二招，手把手帶著部屬過一次全部流程，提升他們的策略規畫和工作技巧。

如果主管只用說的而不親自動手示範協助，於事無補，必須要試著幫助貓世代部屬在截止時間內提升工作效率，指導他們工作技巧、加速完成的法門，以及一些工作能耐，讓他們看到實質的正面成效，才會產生自動自發的改變。

舉例來說，主管有耐心帶著部屬手把手經歷一項專案計畫的流程，在大方向的指點，包括規畫執行策略、擬訂工作戰術，協助他們盤點時間期限、制訂執行流程、盤點資源細節。小細節的引導，包括從經驗中告訴部屬，為了節省時間，哪些事情一次做完，不用分次，哪些事情可以外發給其他人做。

透過指點大方向的布局、小細節的執行技巧，讓他們逐步看見計畫的制訂和實踐，體驗到只要按部就班，任務是可以完成的。讓他們理解（最好能相信），過去認為自己辦不到的事，是工作習慣不符合工作節奏，並非能力不足。

當部屬仍然不懂如何執行「以終為始」，主管盡量不要放手讓他們獨力克服，他們很容易因為挫折感而覺得孤立無援。部屬一旦放棄，其實最後也是主管要收爛攤子。所以主管如果期待部屬以後懂得自律，圖個長治久安，初期帶人要有耐心，花時間讓他們學會執行「以終為始」，絕對值得。

第三招，累積小成功增加部屬成就感，讓他們相信自己做得到。

在犬世代主管和貓世代部屬共同完成計畫的過程中，當部屬每次克服過去習慣、用新工作方法完成一個小目標，請主管大方給予獎勵，從口頭的讚美到合宜的物質獎勵，讓部屬有被肯定的小成就感，讓他們知道自己的努力方向是值得鼓勵的。千萬不要拿出「做到是你應該的」高姿態，更不要說「想當年我們沒有網路也做得到，這有什麼？」之類的風涼話，這鐵定會事倍功半，立刻打壞彼此關係。

犬世代主管請切記：與貓世代部屬應對要用逗貓棒，不是打狗棒，適時鼓勵、善意的療癒，都比命令、懲罰來得有效許多。

以終為始、做事有效率，是後天培養的工作習慣，而不是天生的意願或能力。犬世代主管捫心自問：你擁有以終為始的工作習慣，是天生就會？還是後天刻意練習、歷經挫折的結果？人同此心，心同此理，當你試著同理貓世代部屬的處境，恭喜你，他們又朝「以終為始」的目標前進一大步了！

跨世代交心攻略

如何建立貓世代部屬「以終為始」的高效率習慣？

❶ 給部屬「以終為始」的觀念。

❷ 手把手帶著部屬過一次全部流程，提升他們的策略規畫和工作技巧。

❸ 累積小成功增加部屬成就感，讓他們相信自己做得到。

5

推卸責任↔責任沒先講清楚，為什麼只怪我

以下是我親身經歷過的一個醫美診所的會議場景：

參與人數：六人。

會議主題：影音產品製作。

參與層級：五年級執行長、五年級副總、六年級計畫負責人，以及兩人一組的八年級執行團隊，各負責文字和攝影。

執行長：「我想聽一下今年度影音產品的計畫。」

計畫負責人：「台灣精神在網路上的點閱率偏高，今年影音產品的主題選定為『堅持』，以符合主題的人物故事寫成腳本，製成影音產品，預計今年要生出六支。」

副總：「按照當中的時程規畫，現在應該產出兩支影音產品了，可是一支都沒完成？」

執行長：「攝影說說看出了什麼狀況嗎？」

攝影師A：「因為腳本出來的速度慢，連帶影響我們後面的排程。」

文字：「腳本出來慢也不是我想要的啊，因為拍攝的主角沒時間嘛，不是我的問題……」

執行長拍桌子的響聲打斷他們的話，他怒吼說：「你們幾個在推卸責任！我不要聽，現在誰要負責搞定這件事情？沒有人負責，會議就不結束！」

原本七嘴八舌的攝影和文字，現在一片安靜。

「好好好，我會帶著他們完成，」計畫負責人出來打圓場。

「你給我閉嘴！」執行長指著執行團隊的三個人，「我要他們自己押時間。」

現場一片肅殺，會議結束遙遙無期。

河泉老師破框

「推卸責任」這檔事在職場裡可說是「標配」，日劇《半澤直樹》裡面講的就是長官把呆帳的放款過失推給部屬，而且推卸責任的功力能夠到達這個等級，絕對是從基層一路練上來的。

有兩種情境讓人想「推卸責任」，第一種是主管交付任務時閃躲責任（請參照前文「沒有責任感⬇⬆分內的事情，我一定做好」，第一二四頁），第二種如上述的例子，主管追究責任時推卸責任，死不認錯。

犬世代的部屬也會不認錯，背後原因多數是由於好面子而不願承認，但是貓世代不同，他們打從心裡認為是別人的錯，沒有意識到自己也該負責，心裡的OS是：「如果不是×××，我也不會這樣；都是他害的。」

成長環境的寬容造成貓世代產生這種心態。貓世代是生長在父母以說理代替責罵的教養環境下，強調愛的教育，因此就算犯錯，父母為了安慰孩子的心理，讓他們不要有壓力，多半會抵擋在前，幫他們卸責，讓他們從小產生錯覺，助長這種「我無罪」的價值觀。

等到貓世代進入職場，一旦出狀況、需要補救，這種根深柢固的「我無罪」價值觀，讓他們不會想到是自己的問題，反而認為明明錯在別人，現在為什麼要追究我？

這時，上級需要有人出來解決問題，可是見到貓世代部屬一副「錯不在我」

的態度推卸責任，就會被點燃怒火，大發雷霆，進而點名處理，好比案例裡的執行長。另一方面，貓世代覺得怎麼會有這種不明辨事理的主管，這一切明明不是我的錯，就只會怪我。結果，上下彼此埋怨，造成組織內耗。

處理推責問題，先從人的價值觀著手

貓世代部屬不認錯、推責給別人，是最容易惹火犬世代主管的行為之一。無奈的是，冒火沒有用，只會浪費更多時間。既然如此，究竟要怎麼做才能有效解決部屬推卸責任的問題？

第一招，認清部屬卸責的動機和背景，設定底線。

犬世代主管要理解，把過錯推給別人是普遍人性，只是以往身為部屬的人是在被迫接受或擔心工作不保之下，選擇承擔過錯。但貓世代並非身處這種環境，所以相較於犬世代，他們不會覺得是自己做錯，要擔起責任。因此，犬世代主管面對貓世代部屬不認錯、推責給別人，先要認清彼此背景的差異，然後觀察一段時間，剛開始一、兩次可以好言相勸，但是如果發現他們卸責出現三次以上，必須著手處理。

第二招，溝通處理時要放下身段，並「對人不對事」。

糾正部屬是主管的責任，主管有正當性，但是也要顧及對方的顏面，要私下講，不要公開討論，否則容易擦槍走火，或者演變成漫長的冷戰。

私下要怎麼談？記得「對人不對事」，是的，我沒有寫錯，「推卸責任、不認錯」並非事情出狀況，而是人的價值觀問題，直接切入出狀況的事情反而會造成反彈，不如從關懷部屬的角度解決事情，你對他們可以這麼開始：「其實我想先對你說聲不好意思，最近因為人力調度有限，好像給你太多工作，造成負擔。所以有時候你心情不好，我也有點責任，必須向你道歉。」

部屬也許會回答：「不會，這是我自己的問題，是我需要調整。」

你可以回：「我也會做些調整，好比這件事情昨天你說是×××的責任，以我對你的了解，其實你不是會推卸責任的人，我擔心是不是你的工作壓力太大，所以比較不開心。」

面對主管此時此刻放下身段，先表示對他的關心，部屬願意認錯、負起責任的機率會變高。切記不能以權力或職權要求貓世代部屬改進，這樣得到的效果有限，甚至會收到反效果。

第三招，排除卸責藉口，要求自訂期限，做出承諾。

萬一部屬死不認錯，該怎麼辦？為了避免部屬繼續推卸責任，主管要協助他們排除卸責的藉口。舉例來說，卸責部屬說是某位同事扯後腿，主管可先按照抱怨部屬的說法，將扯他後腿或不合作的同事從計畫中移除，去除他推卸責任的藉口；假設他又說是資源不足，那就設法補齊他要的資源。移掉讓部屬卸責的所有變數，讓他身處最終必須由自己解決問題的狀態中。

接著，主管一定要問：「現在我把阻撓你完成任務的變數都移除了，你在多久時間內可以做到？如果辦不到，你要怎麼辦？」再要求部屬自訂期限並做出承諾，同時訂出罰則。這時，主管一定要忍住幫部屬設定期限和罰則的衝動，因為一旦要求不是部屬自己訂的，又會成為他們的新藉口——無論是否能完成任務，他們都會說是被迫的，很難心甘情願。

事實上，要部屬認錯、不推責，主管著手的焦點不在於展示權力，而是針對已經卡住停擺的事情找到解方，甚至讓部屬透過解決問題，提升能力、變得更好。

然而，探究事情停擺的話題太容易誘發負面情緒，所以在有人願意出面解決之前，溝通方式要能避開各方的情緒地雷，用耐心、引導式的語言、開放心態等方式溝通，確認部屬解決問題的能力和意願，協助他們提升能力或者排除障礙，最後圓滿完成任務，彼此才能形成「共好」關係。

跨世代交心攻略

如何有效解決貓世代部屬推責的問題？

❶ 認清部屬卸責的動機和背景，設定底線。

❷ 溝通處理時放下身段，並「對人不對事」。

❸ 排除卸責藉口，要求自訂期限，做出承諾。

6

不主動回報進度↔時間還沒到，為什麼要回報

我曾經參加一場大型論壇，表面很成功，後來主管志勇告訴我一件頭痛的事。志勇找了八年級的美華負責邀約講者，她很幸運，約到某產業大老擔任主講人，也和對方敲好時間。但她竟然沒有回報給論壇負責人志勇。結果，以為美華沒有約到主講人，志勇還去約了另一位重量級學者擔任主講人。發現主講人的邀約重複，志勇只好要美華去拒絕產業大老。

美華硬著頭皮去婉拒對方，結果大老認為她的公司實在缺乏誠意，不但當場臭罵美華一頓，還從此把她的公司列為拒絕往來戶，美華怎麼道歉都沒有用。

志勇找美華來責怪了一頓。其實美華邀到主講人後只要主動回報現況，讓志勇知道不會開天窗，也不至於搞到雙方撕破臉的地步。可是美華不主動回報現況已是累犯，好說歹說、甚至罰錢都沒用，志勇該如何是好？

河泉老師破框

「主動回報現況」看起來是工作習慣，但其實根源自同理心。主動回報意味著你無條件、發自真心顧念到別人的不安，用回報現況來安定別人的心。在職場中需要「主動回報現況」的情境有兩類：一是「例行回報」，在團隊中定期更新自己的進度，以利整體資源調度；二是「異常回報」，計畫進行中出現不如預期的變數，通報給團隊，以便緊急處理。

所以「主動回報現況」的顧念絕對不是天生，而是後天環境養成的，而且多數來自生長環境；在生長過程中，看到家人或周圍的人有回報現況的習慣，而且受到的教育也要求你做這件事，久而久之它會內化成為一種習慣。但不同世代的做法不同，貓世代的家庭，降低對小孩的要求，不要求他們回應，小孩對父母的詢問和要求悶不吭聲也被視為理所當然，自然不會養成習慣，進入職場便不會主動回報。

「主動回報現況」不是非要達到不可的業務目標，也不是像企業守則的鐵律，而是人與人之間的尊重；也就是說，當事情或工作牽涉到不只你一人時，在處理事情或做決定時，能不能讓職場上相關同仁知道狀況，讓彼此知道如何因應？

然而貓世代到職場，有時候會為了彰顯個人自主權和自由，不想接受任何限制，當下想怎麼做，就直接做了，之後才會顧慮到其他人的感受——當然也可能想不到。

每個職場都有團隊，既然有團隊，便要考慮整體運作、環環相扣，每個人都負擔其中一小部分的責任，如果其中有一、兩個人沒有按照進度又不主動告知，像上述美華和志勇這樣的例子，只是沒有回報現況，卻衍生出許多後遺症，甚至無法預料會發生什麼事情，影響公司其他運作，事到臨頭代價更高。

三招讓貓世代主動回報現況

犬世代主管要如何建立貓世代部屬願意主動回報現況的習慣呢？有三招可以參考。

第一招，事前提醒、事中追蹤。

這是治標的方法。貓世代部屬不會主動回報現況，很多時候是因為他們自以為沒關係，沒料到後果的嚴重性。犬世代主管如果要圖個安心，自己就要養成事前提醒、事中追蹤的習慣。不過，以口頭追蹤的方式，如果讓你覺得自己好像變成部屬的祕書或助理，感受很差，也可使用流行的科技追蹤，諸如發定期會議通知，每天要求回報進度。

第二招，主管平時留意與部屬相處的態度，收斂情緒，讓部屬不擔心回報後果。

這是治本之道。很多部屬不主動回報現況，是因為不想或不敢和主管講話，特別是當回報的現況不符合主管期待時，部屬一定會認定主動回報等於挨罵，與其第一時間回報先遭數落，乾脆拖到最後主管找上門再來面對。可以說平常主管的態度和脾氣，也影響部屬是否願意回報現況。

如果你是容易焦慮不安、大驚小怪、情緒起伏大的主管，要解決員工不主動回報現況的問題必須優先搞定自身情緒。一方面，不論部屬回報任何事情，請務必冷靜以對，對事不對人。另一方面，提高與部屬溝通的頻率，多多聊天、談話，不要只談公事，但如果是進度回報，主管可給予一些小獎勵增加誘因，例如連續做到三次請他們喝珍珠奶茶。如果是「異常回報」，身為主管無論心情如何，必須肯定部屬勇於回報，讓他們知道事情不管結果多慘，大家可以一起解決，不必提心吊膽擔心回報會換來主管一頓罵。

第三招，傳授部屬簡明扼要回報現況的技巧。

主管多半時間急迫且沒有耐心，部屬的口頭回報現況一定要簡明扼要，無論是進度回報或異常回報，請讓部屬掌握三個回報重點：

（一）簡明扼要：要在一分鐘內講完的內容。

（二）回報的內容結構可使用「三等分法」：

- 進度→目前狀況如何？進度如何？預計會延遲多久？
- 原因→為什麼會造成這樣結果？
- 建議→提出你的補救措施建議。

（三）回報上司想聽的內容：上司最想聽的是你的建議做法，而不是抱怨、自責等情緒。

如果是用簡訊回報現況，內容長度盡量控制在三行到五行，同樣要包含「進度、原因、建議」三部分，讓上司放心。

主動回報現況是利他的作為

有個寓言是這樣的：有個人過世後，被帶去參觀天堂和地獄。地獄裡面，一群人圍著一張圓桌吃飯，菜色豐盛，偏偏每人手中的筷子比尋常筷子長了兩、三倍，大家把菜搶進碗裡，卻因為筷子太長而無法方便夾菜送入自己口中，每個人又氣又餓，吵成一片。接著他去參觀天堂，一模一樣的場景，一群人圍著圓桌吃飯，手上一雙超長的筷子，不一樣的是，每個人夾起菜不是放進自己的碗裡，而是送進別人的嘴裡，所以每個人開心又吃得飽，其樂融融。

「回報現況」就像那雙筷子，如果只想到自己，就無法創造任何價值，甚至為團體帶來負面影響，但是如果懂得利他，凝聚起來的團隊力量絕對大於個人的力量。

跨世代交心攻略

如何建立貓世代部屬願意主動回報現況的習慣？

❶ 事前提醒、事中追蹤。

❷ 主管平時留意與部屬相處的態度，收斂情緒，讓部屬不擔心回報後果。

❸ 傳授部屬簡明扼要回報現況的技巧。

第五章——

求速度

科技加持，講求速成的結果與答案

1 容易放棄↓↑我只是不想做沒興趣的事情

八年級的小文是進口車公司的明星業務，很會和人建立交情，非常擅長做家用車。後來公司組織調整，改變業績計算方式，希望業務要能跨售不同領域，好比賣家用車的也要賣商用車，甚至銷售車險，跨售種類越多，獎金越高。

公司改制以後，小文剛開始還積極嘗試拜訪企業客戶，但是她缺乏經營企業客戶的經驗，診斷不出企業痛點，常常聊一、兩次便無疾而終。她很挫折，但事後也沒有積極追蹤客戶，修正問題，繼續嘗試，反而走回老路賣家用車。一段時間下來，她的業績排名逐漸被願意持續開發多元客群的同事超越，明星光環不再。沮喪讓她更不想開發企業戶，更固守舒適圈，變成惡性循環。

小文的主管佳芳用盡各種方法都無法激勵她，最後眼睜睜看著她轉戰同業，痛失一名大將。佳芳很焦慮，因為單位裡像小文這樣遇挫折容易放棄的新進人員越來越多，難道只能靠增員來提升戰力嗎？

河泉老師破框

小文的狀況是貓世代部屬中相當普遍的狀況：一開始豪氣干雲，碰到困難，便缺乏續航力。也就是說，貓世代做某件事時，起初意志磅礴，有遠大的志向，也想完成諸多夢想，不過一旦在執行過程中遭遇挫折或進度不如預期時，他們會選擇放棄，然後停下來，而非繼續往前。

這種狀況在犬世代也會發生，因為遇挫折放棄是人性，差別在於犬世代如果選擇放棄，當下因為沒有後路，讓他們非得有續航力不可，所以受挫會使他們改走其他路，不會停滯不前。相形之下，現今的貓世代因為後路比犬世代多，放棄以後就算擺爛停滯不前，也不會活不下去，沒有人逼，還可以回家讓爸媽養。

續航力是什麼？具體來說，就是指在職場中遭遇挫折或迷失方向時，願意繼續前進的毅力和韌性。

「續航」有兩種可能的狀況：一種是前進的過程中出現障礙，排除障礙後，在既定的航道上往前走；另一種是前進的過程中發現此路不通，嘗試別的出路，甚至可能因此找到「柳暗花明又一村」的新機。

「續航」的重點不在於做事非完成不可，它最關鍵的前提是，不要因為失敗便停滯不前，或找藉口休息。事情不是不能放棄，重點是放棄Ａ之後，你就願意再轉戰Ｂ，還是開始頹廢？

台灣最早的垂直電商「創業家兄弟」的創辦人郭書齊、郭家齊兩兄弟，在創業家兄弟之前，他們成立「地圖日記」，當時因為不懂如何把人氣變現，導致網站流量越大、資金壓力越大，撐得苦不堪言，後來幸好被全球團購霸主GROUPON併購才得以脫身。

第二次創業時，他們學乖了，一口氣嘗試十幾個網站，各有不同的賣點和訴求，每個網站嘗試三個月至六個月，只要流量無法提升、在網路上沒有造成聲量，就關站，他們毫不戀棧，也不硬撐，接著集中資源在人氣持續的網站上，這便是現在成功的「生活市集」。

郭氏兄弟的創業過程就是續航力最佳範例，他們遇到挫折沒有死板板抱持「不成功，便成仁」的想法，也不是一味堅持、想盡辦法讓網站獲利，反而是察覺狀況不對，獲利狀況不如預期就馬上轉向，做到收放自如。重要的是：他們沒有因為創業帶來的痛苦而停止創業，反而從失敗中學習，持續修正自己的方法，再擇善固執。

如果按照原先規畫的生意模式不成功，你可以推翻原先的模式，改走其他路，或調整既有生意模式，但是不能什麼都不做、原地踏步，甚至只想休息，這就不行了。

如何給貓世代堅持下去的動力

現在犬世代主管的困擾是，想帶著貓世代部屬航向偉大的航道，但是出現阻礙，他們就放棄退縮，甚至休息了，實在令人生氣又沮喪。如何讓貓世代不放棄嘗試，願意續航呢？

第一招，換位思考，了解部屬，知彼知己，百戰百勝。

要啟發貓世代部屬的動力，最關鍵的便是了解對方無法續航的理由。一般來說，部屬的心態可分成「成長型心態」（growth mindset）和「固定型心態」

（fixed mindset）兩種，前者樂於學習、跨出舒適圈，後者拒絕學習、樂於安於現狀。辨識部屬是哪種心態，是主管的職責所在。

了解部屬的心態後，接著找出他們不適應與不想續航的真正原因究竟是什麼，是沒有樂趣？不了解工作的內容？找出原因後，如果覺得他們是有潛力、適合公司發展的幹部，再思考是否能協助克服。萬一不是關鍵人才，也有可能留來留去留成仇，你也要仔細評估考慮是否要處理掉。然而，無論是要留下來調教或放對方自由，都不能用權力和職權這種上對下的態度因應，而是要用溝通、關心等軟性角度切入溝通，才不會留下後遺症。

第二招，找出貓世代部屬容易中途放棄的真正原因，協助排除痛點，增加他們的續航力。

假設部門內有甲、乙、丙三個職務，A 在甲職務上經歷一段時間，但是從工作上習得的事，無法讓 A 體會到好處和學習經驗的美好。經過懇談之後，主管可以協助 A 調整到乙職務，看看這樣的調整能否讓 A 感受到乙職務適合，並發揮所長。

主管應該把人放在相對適合的位置上，假如無法每次都在一開始就讓部屬擺在對的職務上，不妨試著調整職位或職務內容，讓部屬得以在更適合的工作上發揮。但是也不能無限制的給部屬適應時間，通常以三個月為期限，部屬必須在期限內上手，三個月後主管、部屬雙方再對焦彼此的需求。如果真的發現不適合，主管可根據組織空缺狀況，在職權範圍內協助部屬轉職到其他適合的單位。

第三招，犬世代主管要陪伴貓世代部屬度過障礙，給他們持續嘗試的動力。

一個好的領導者，不該只是發號施令的人，必須同時當個好教練。當部屬無法續航時，要激勵部屬，提供他們繼續奮鬥的理由，提升他們看待障礙的方式，超越心態的限制，同時鼓勵部屬嘗試，只要不停滯，能夠持續前進就好。

面對貓世代部屬，犬世代主管的確要顧及非常多以前不需要注意的細節，而且要用耐心好言相勸取代命令恐嚇，然而就算做了這麼多，犬世代主管千萬別過度期待自己的努力會讓部屬有一番成績，也不要單純認為可以用權勢或權力讓部屬就範，或做出成效。唯一可以期待的是透過彼此教學相長，提高凝聚力，主管和部屬至少可以往同個方向前進。

跨世代交心攻略

如何讓貓世代部屬不放棄嘗試，願意持續前進呢？

❶ 換位思考，了解部屬，知彼知己，百戰百勝。

❷ 找出部屬容易放棄的真正原因，協助排除痛點，增加他們的續航力。

❸ 主管要陪伴部屬度過障礙，給他們持續嘗試的動力。

2 沒耐心苦熬↓↑我追求快狠準達標

美琪是一家零售業的中階主管，在公司快二十年。去年公司指派她開發網路產品，讓她帶五個七、八年級生組成的團隊，負責數位轉型。

五位成員各開發一項產品，他們也全心投入，經常加班到半夜，迫切期待產品問世，接受市場檢驗。沒想到，產品上市的過程比他們預料中的崎嶇許多。產品從概念發想到執行出雛形，時間雖然不長，但麻煩的是產品雛形之後的修正過程，不僅要通過上級層層檢驗，而且只要一個上級有意見，便退回修改，甚至砍掉重練，最糟的也有胎死腹中。

偏偏，這組團隊做的產品是公司過去從未涉獵過的新產品，根本沒有歷史經驗可參考和比對，導致上級對產品的意見純粹「憑感覺」，提出的意見模稜兩可，很難提出具體、專業的修改方向，讓美琪團隊的成員修改次數比傳統產品開發多出一倍，有時上級「沒感覺」了，突然喊停的計畫也不少。

高失敗率、重複做白工、問市遙遙無期，澆熄了這群七、八年級生的火熱初心，一年內全部走光。美琪帶人十幾年以來，老早習慣職場上的人來人往，卻是頭一回遭遇整組「滅團」，讓她沮喪不已，不知如何是好。

河泉老師破框

年輕人有個慣性思考模式，他們把達成目標想得很簡單，認為找對方法，事情便能節省時間；的確，他們比犬世代擅長藉助聰明的工具或方法，協助達成目標。在這樣的前提下，他們對達到目標的想像，是一條直線的思維：用對方法↓起跑↓達到目標。

這種思維對犬世代來說是天方夜譚，因為他們的成長和工作的環境條件相對匱乏，特別是資訊量少又不透明，所以對於達標這件事，他們考慮層次會更多。在他們還是職員的時候，沒有方便的科技工具或路徑輔助，必須長時間自我摸索，經歷「走一步退兩步」的試錯過程，耗時費神，才能熬到達標。他們對目標的想像，是一條折返曲線的思維：採取的「方法」打從一開始就沒有所謂「對」的，必須沿路找，最後才可能達到目標。

舉例來說，犬世代心目中崇敬的企業家是像王永慶、郭台銘等早期成功的前輩，他們都是吃盡苦頭、幾經折返累積成功，才有現在的江湖地位。相照之下，貓世代心目中景仰的企業家是Airbnb、Uber之類公司的創辦人，他們多數運用所謂「破壞式創新」，洞察到市場需求、緊抓住機會，靠著網路和科技降低創業門檻，在強大的工具和資訊量的輔助下，過去犬世代企業家花幾十年才能累積的成就和財富，貓世代企業家在十年內便可達到。

換到職場上，貓世代只會看到目標，看不到目標背後真正要解決的問題或用意，傾向先想可以用怎樣的方法或工具，快速解決表面的問題，以便達標、取得該有的好處。但是犬世代會希望貓世代先想清楚、釐清目標背後真正要解決的問題，再想該怎麼解決，這樣可以一次解決表面和真正的問題。也因為雙方思維的差距，犬世代主管會覺得貓世代：「為什麼不能踏實的想清楚，一步一步來？」

如果今天任何一家公司的人資主管面試年輕人，通常會問他們打算待幾年，與其這麼問，不如直接告訴他們「做到主管職平均需要幾年」，更有機會確保他們待在公司的時間。畢竟他們在意的是如何快速達標，而不願意多花點時間摸清所有狀況，再想成果。偏偏，現實狀況未必如貓世代所想這麼簡單——只要找到方法，問題便可解決。就算運用再便利的工具和資訊，省時省力，仍然會有許多不如預期的變數發生，經常要耐住性子等待和忍耐，才有開花結果的一天。許多貓世代沒有耐心經歷現實的考驗、自動放棄。在他們眼裡，與其花時間堅持到底，不如尋找更容易達到的目標，這樣比較不浪費時間。

階段性的成就感，增加繼續向前的耐性

這種面對目標的不同態度：一個追求快、狠、準，一個按部就班，反映出犬世代主管帶貓世代部屬感覺無力的現實，彼此的合作也因而阻礙重重。然而貓世代中人才濟濟，時代也需要新時代人才，要怎麼帶他們，才能既讓他們發揮才華，又能解決他們沒耐心苦熬？

第一招，設計適合貓世代的舞台。

如果犬世代硬要貓世代部屬完成犬世代設定的目標，他們未必做得到，但

是如果一下子放手讓貓世代部屬去執行，也可能造成無可彌補的結果，犬世代主管還要為此承擔，增加心理的焦慮。因此，權衡之下的合宜做法，就是在適合貓世代部屬、同時也可控制的場域內，放手讓他們自主設定目標、嘗試新可能，說不定會有意想不到的成果。

比方說，公司的產品線劃分成兩個區塊，一塊著力在既有產品，由資深員工負責開發和維持，鞏固品牌原有的基礎。另一個區塊是新創產品，交給貓世代部屬去耕耘，開創與他們同世代的市場。好比中國海爾集團推動的「小微創業」，集團旗下的海爾大學，與其說是人才培訓中心，不如說是創新育成中心，協助有創新想法的員工在集團內創業，將新創想法與企業內部既有的需求結合，也可協助往外發展，讓公司轉型成創新創意的平台，更能跟上時代的腳步。

第二招，使用適合貓世代的目標設定和試錯流程。

犬世代面對工作的困難，是習慣越挫越勇，但貓世代是一挫就死。再加上他們沒耐心苦熬，對於達成目標採取直線型思維模式，犬世代主管如果又沿用傳統的目標設定和流程規畫，勢必會讓他們挫敗連連。既然如此，何不規畫一個適合他們的試錯流程？

我的建議是，先用分階段的小目標取代大目標，部屬只要達到階段性小目標，主管就在職權範圍內給予正向回饋，諸如慶功宴、休假等，讓他們可以有即時的成就感，進而更有動力繼續向前。

其次，採用現代的開發流程，好比敏捷開發（agile development，以迭代、循序漸進的方法開發產品）、最小可行性產品（minimum viable product，以相對低的成本設計出理念中的產品，並快速放到市場上檢驗是否可行），縮短內部試錯、開發的流程，同時在產品有雛形、完成度達七、八成後，便可先在可承受風險範圍內的市場進行測試，讓貓世代部屬不用等太久，就可先看到初步成績。無論是否如預期，對他們都是肯定。

第三招，安排熟悉企業文化、又理解貓世代的資深前輩引導，協助他們適應公司文化。

許多貓世代在大型企業待不久的主要原因，出在大公司的企業文化規矩太多、流程繁瑣，他們難以適應，他們既要面臨達成目標的壓力，還要摸索陌生的企業文化，挫折感倍增。安排一個懂公司又能聆聽的資深前輩，手把手引領他們熟悉企業文化，降低他們犯錯受挫的機率，同時成長茁壯。

假設我是資深會計師，帶個貓世代會計師一起拜訪客戶，客戶問一大堆問題，我可以刻意讓年輕人答覆，一旦回答不了，他會意識到自己不足。回到公司後我再找個機會和他一起討論，詢問其感受，並趁機灌輸公司要求基本功的文化。帶著貓世代部屬實戰，執行一遍過程，協助他們職場現實世界連結。帶著他們在遇到問題時反省沒有搞懂的觀念、問題的癥結，以及下次如何因應可以更好，並且把改善後的進展、好的成績算在貓世代頭上，嘗到甜頭後，他們會感受到工作的樂趣。

日本首富、經營UNIQLO的迅銷集團會長兼社長柳井正說：「經營者必須時為魔鬼，時為菩薩。」對犬世代的主管來說，總不能只使出舊時代魔鬼教官那一套，過去成功的方程式總有失靈的時候，學習當個重引導、重啟發的教練，開展自己的管理路數，成為與時俱進的領導人。

跨世代交心攻略

如何處理貓世代部屬沒耐心苦熬、只求速成的心態，為公司留下人才？

❶ 為貓世代設計適合的舞台。

❷ 使用適合他們的目標設定和試錯流程。

❸ 安排熟悉企業文化、又理解貓世代的資深前輩引導，協助他們適應公司文化。

3 特別期待肯定↓↑有努力，當然應該被看見

麗萍最近在帶一個剛畢業的新人芳瑜，芳瑜能力好、動作快、反應靈敏，麗萍對芳瑜很滿意。芳瑜畢竟是新人，麗萍很怕芳瑜發現自己在主管眼裡表現優異，反倒得意忘形，因此麗萍很少肯定芳瑜，有幾次連芳瑜自己都很滿意的計畫，明顯想知道麗萍是否滿意，甚至得到肯定，麗萍也沒特別表示，只會淡淡說聲：「不錯。」

沒想到三個月試用期過後，芳瑜遞出辭呈，要跳槽到另一家同業發展。離職面談時，芳瑜對麗萍說：「過去三個月我很努力做出好成績，覺得自己有做出成績，同事也很肯定，唯獨得不到您的肯定，讓我相當茫然，越來越覺得自己很差。」

這時麗萍終於說出實情，芳瑜是目前帶過表現最好的新人，不肯定、讚美只是怕她會因此自滿而鬆懈，希望她留下來，不要離職。但芳瑜說：「我受不了這種只要求、少肯定的環境，讓我很沒工作的動力。」最後仍然選擇離開。

麗萍很沮喪，找我訴苦：「我在職場上也是這樣被帶上來的，為什麼現在行不通？」

河泉老師破框

任何人都需要肯定與讚美，犬世代與貓世代的不同在於，前者的期待程度和頻率比後者低，貓世代一旦付出心力，不分事情大小，便期待得到肯定和讚美，我把這種現象稱為「海豚哲學」——只要做事，就希望得到他人肯定和稱讚，並且報以「你好棒」的目光。

然而如果你遇到的主管沒有習慣「肯定」或「讚美」，或者職場氛圍並不鼓勵「肯定」或「讚美」，那麼在職場便很難得到肯定或者讚美。舉例來說，過去犬世代主管身處的成長背景和職場環境，就是很難得到「肯定」或「讚美」，因為正面嘉許的行為，被認為會助長部屬氣焰，養成驕傲的心態，所以除非做得超乎預期、戰功彪炳，否則他們很難得到來自主管或長輩的肯定或讚美。

在這種背景和氛圍成長的犬世代，也不容易肯定或讚美部屬，他們傾向將別人在職場裡對待自己的標準，拿來對待現今的貓世代部屬。換句話說，除非部屬對組織有具體貢獻，或是執行任務時有超水準演出，才會受到肯定或讚美。這樣的標準在犬世代主管看來理所當然，但是從小在肯定和讚美環境下成長的貓世代，便會認為太困難、太辛苦，就算努力也很難被看見，造成強烈挫折感，工作的CP值過低，乾脆離職。

如何讚美才有可能創造業績

有些犬世代主管的確不在意貓世代部屬因為沒得到肯定而離職。對這些主管來說，不耐操的部屬再換一批也好。殊不知重新找人、訓練人的時間成本，遠超過留住既有員工。其實貓世代渴望的是形式上的讚美——說穿了是「口頭上的肯定」，讓他們感受自己的努力有人看到。給予部屬肯定並沒有要求主管掏心掏肺，但獲得的結果是省下招募和培訓成本，甚至達到激勵效果、創造業績。犬世代的主管何樂而不為？所以，犬世代主管要怎麼開口讚美部屬？

第一招，心裡要先能接納「幫貓世代打氣是必要的」。

主管在白天要求部屬，是因為面對部屬要扮演主管的角色，為符合角色演出，對部屬會有一種長輩命令的姿態，可是下班回到家，看到自己的孩子白天在公司受了挫折，你是不是也會放下長輩的身段為他打打氣？當然用不著把部屬視為自己的家人，但如果你可以為孩子打氣，那面對和自己孩子年齡相仿的其他後輩，是不是也可以試著為他們打氣，而不是只有命令和指責？如果犬世代主管可以移情，把照顧子女的「小愛」化成照顧部屬的「大愛」，在上班時對貓世代後輩帶著照顧的心情，軟化自己的態度，也就能為他們打氣了。

第二招，根據明訂的讚美標準，讚美達標者，也肯定未達標者。

進行每項任務時的遊戲規則，要先訂出來，讓規定透明化，比方說，業績達標、任務準時完成。部屬只要做到標準，主管可以給予稱讚。萬一沒做到，主管還是要肯定，改為稱讚他努力的過程。如果只稱讚達標的部屬，而沒有肯定未達標的部屬，等於否定他們的努力，他們很快就會放棄。

這並不是要主管當濫好人，而是要「公開稱讚，私下指點」。「指點」要用「三明治溝通法」誠實告知未達標部屬的不足之處。所謂「三明治溝通法」，就是用「好－壞－好」的順序與部屬溝通需要改進之處——先講好話，再講實話，然後再講正面鼓勵的話收尾。假設部屬A業績未達標準，你希望他下次可以達標，可以這麼說：「我發現你在銷售方法和溝通話術都有突破，對產品也越來越了解，有明顯的進步，只是在與客戶互動的過程中，要拿出專業，不要老被客戶牽著鼻子走，這樣對客戶會更有說服力。我相信憑你的認真，花兩個月練出說服力，業績就會超水準演出！」

第三招，用「事實、團隊、個人」三點讚美部屬。

如果主管深怕讚美的言辭讓人覺得太虛偽，不知道該如何讚美，不妨這麼做：先描述事實，再提出部屬的作為對團隊的幫助，最後是對部屬個人的意義。我舉個例子：

「上次那個案子掌握了客戶的痛點，爭取到他們的預算（事實），這個月部門的業績有一半都是你創出來的，太厲害了（對團隊的貢獻）。過去半年你經常加班，才拿下今年全組業績冠軍，打破個人紀錄唷（對個人的意義）」。

第四招，建立部屬的「個人資料管理表」，追蹤肯定與鼓勵過後的成效。

肯定和讚美就像放煙火一樣短暫，可能明天就失效，偏偏貓世代需要持續的打氣，所以犬世代主管要持續追蹤，最好的方法是每個月做一次一對一面談，每次留存談話紀錄，做成部屬的個人資料管理，猶如每個人在職場上的健康檢查紀錄。

許多主管對於一對一面談視為畏途，因為不知道要和員工說什麼，結果，三個月、半年甚至一年才做一對一面談的主管都有，見面頻次太低，就算有紀錄也記不得上次談過什麼，了解程度有限，而主管對部屬了解越少，越帶不動他們。

如果你剛好是這種主管，可以練習每天對部屬講一句非公務的話，這會讓雙方在建立關係時，不會只談公事、績效、進度，而是有更多非公務話題可討論。如此等到一對一面談，主管可以很自然的從非公務領域切入公務領域，部屬也會放下心防，講出工作上的真正痛點所在。主管便可根據每次面談的紀錄，針對部屬對症下藥，好比需要幫忙給予協助，無病呻吟予以刺激，確保團隊成員都在計畫內朝共同目標前進，有助維持團隊績效。

我曾經幫一家企業用「一句公司信條」開一天的課，這句話叫做「持續真誠的對話」，乍聽之下相當平凡無奇，實際上寓意深遠。「對話」是有來有往，「真誠」是讓員工確實有感覺，「持續」是不間斷願意付諸行動。「持續真誠的對話」這句話，也正是給貓世代部屬肯定和讚美的核心精神。

跨世代交心攻略

如何給予貓世代部屬肯定與讚美？

❶ 心裡要先能接納「幫貓世代打氣是必要的」。

❷ 根據明訂的讚美標準，讚美達標者，肯定未達標者。

❸ 用「事實、團隊、個人」三點讚美部屬。

❹ 建立部屬的「個人資料管理表」，追蹤肯定與鼓勵過後的成效。

4 喜歡抄捷徑→←用更快的方法完成不對嗎

好友老王是網路媒體總編輯，最近開除一名他最倚重的九年級新人小胡，心情很差。

老王的網路媒體點閱率超高，影響力很大，稿子不容出錯，因此，老王為記者訂下非常嚴格的採訪查證規定：每一篇稿子根據篇幅大小，採訪的消息來源必須超過一定數量，而且要留下每位受訪者的聯絡方式，確認記者確實親訪，報導並非從網路上拼湊而來，或者捏造意見。

幾個星期前，老王要求小胡在極短時間內完成一篇稿子，小胡如期完成上檔，得到熱烈回響。老王卻在同時收到報導裡的受訪者A投訴指稱，記者沒有來採訪就用他的名字寫了他的意見，而且他老早離開報導裡寫的工作單位。

老王找來小胡問清真相。小胡坦承，截稿時間太趕，他根本來不及採訪符合標準的受訪者人數，於是在採訪受訪者B時，聽B引用了A的說法，就把A同時列為受訪者之一，湊足受訪者人數。小胡說：「每次採訪蒐集到足夠的關鍵意見就可以了，根本不需要採訪那麼多人，浪費時間。」

了解實情後，老王找出小胡曾經寫過的所有稿子，詳細稽核他的消息來源發現，他為求迅速完成稿件，經常虛報受訪者，根本是習慣性投機取巧。老王一怒之下，開除這名愛將。

河泉老師破框

我在演講或上課時，貓世代的人常常來問：「老師，您剛剛說的觀念和想法，可不可以用兩分鐘告訴我怎麼做？能不能給我一句話，讓我秒懂？」我心裡常常OS：「如果給你一句話，你就懂，那就是萬中選一的武林奇才了。」

這就是貓世代慣有的心態：對任何事有著一步登天的期待，希望不要花太多心力就能掌握到成功的祕訣；在最短的時間內，得到別人可能要花三年的成就。熱門的 Youtube 網站好比「×分鐘看懂《復仇者聯盟》」、「×分鐘讀懂阿德勒心理學」，或者他們經常使用的網路流行語，例如：一看就懂的「秒懂」與一戰定成功的「爆品」，都顯示出貓世代習慣抄捷徑的心態。

場景轉換到職場上，可以說貓世代能夠接受的學習曲線或發展曲線，比犬世代可以接受的平坦許多。比如說，從Ａ到Ｅ的路程，犬世代會認為應該要經過Ｂ、Ｃ、Ｄ，甚至中間還會來回往返，但貓世代會期待Ａ直接到Ｅ，未必需要經過Ｂ、Ｃ、Ｄ，或者至少不用來回往返。所以貓世代如果和犬世代負責同樣一個任務，貓世代第一步一定是先想有沒有省事、快速完成的方法，犬世代則會根據過去經驗，按部就班完成任務，之後再想當中有沒有可省去的多餘步驟。犬世代看貓世代，總認為他們把事情想得太簡單，看輕任務的難度，凡事只想一步登天。

「一步登天」很難說結果如何，科技和網路環境提供了快捷的方法，縮短了許多原本不得不為的流程。

在職場上有許多道路的選擇，但是沒什麼對和錯的路，不管對錯只要走過，每一條路都有收穫，這也是老師常說的「人生不是得到，就是學到」。如果能夠讓你更接近目標的，除了持續向前，不是沒有成功捷徑，但是千萬小心，大多數的成功捷徑，都布滿了陷阱和荊棘，想輕鬆的人很快就放棄，只有堅持拼命的人，才願意辛苦穿過去。

成功不是沒有捷徑，但是要注意兩點，第一個是不要踩空掉下去，第二個是堅持能越過陷阱和荊棘的不放棄。

貓世代走捷徑是有效率或投機取巧？

貓世代拿到任務便想走捷徑，對主管的考驗是：究竟他們是真的聰明有效率，優化流程，抑或是發懶偷吃步，投機取巧？

如果是前者，貓世代在使用主管傳授的舊方法時，會在過程中嘗試改用新工具與新方法，簡化流程，提出比犬世代主管更聰明有效的方法。如果是後者，貓世代部屬在執行任務的過程中，就會任憑個人喜好挑選做事的步驟，遇到麻煩又不熟悉的狀況，便想辦法投機取巧，到最後是犬世代主管要對結果負責任。我得說，這兩種貓世代部屬初期相處起來差不多，實際上處理任務後卻會造成兩種結局，究竟部屬是聰明、有效率，還是偷吃步，要如何區隔呢？

第一招，先聽部屬完整陳述一次自己的想法，針對簡化或調整的步驟提問五個「為什麼」。

犬世代主管交辦任務給貓世代部屬，在提出建議後，要給部屬一段時間，請他們提出自己的看法和做法。貓世代部屬的簡報內容中，部分與過去的舊方法不同，有可能做了簡化或調整，請部屬針對改變的部分提出「為什麼」——簡化的步驟為什麼簡化，以及新方法取代舊方法的原因，仔細聆聽部屬的解釋和邏輯；如果有不清楚之處，再繼續問「為什麼」。以豐田式提問法為例，如果持續問五次「為什麼」，部屬都能解釋得清楚，表示他們想得清楚，可以放手任其執行。

第二招，嘗試貓世代建議的做法後檢視效果。

光聽貓世代部屬的建議做法卻不實際嘗試，犬世代主管很難確認究竟它是真的可提升效率，還是他們只想投機取巧。所以在確認貓世代的想法是哪一種之前，犬世代主管倒不如畫個範圍，讓貓世代在範圍內試試看自己提議的做法效果如何。

如果部屬不願意實際操作，表示他們說說而已，只想投機取巧，主管也算是得到答案。

第三招，追蹤效果，如果可行，便擴大試行。

如果部屬的方法確實比舊做法更能提升效率，主管可以讓他們持續修正，另一方面擴大試行範圍，驗證擴大範圍後是否仍可以維持同樣效果。如果經過驗證確認部屬提出的方法有道理，犬世代主管便要肯定他們敢於舉手與發言，並且鼓勵其他貓世代部屬也可提出更多創意的建議，讓更多解決方法跟上時代。

相反的，如果經過驗證發現部屬的提議不可行，主管要和他們講清楚，理性溫和的告知原因，而不是用權力加上情緒去壓制，比如說出「你浪費我很多時間」、「這件事根本行不通」、「你以後不要說這麼多有的沒的廢話」，可以免除權力壓制貓世代部屬後形成的抗拒，或者讓他們變酸民到網路上發洩情緒。

跨世代交心攻略

如何處理貓世代部屬喜歡抄捷徑的習性？

❶ 先聽部屬完整陳述一次自己的想法，針對簡化或調整的步驟提問五個「為什麼」。

❷ 嘗試部屬建議的做法後檢視效果。

❸ 追蹤效果，如果可行，便擴大試行。

5 安於現狀↓↑我要的你又不懂，小確幸只是調劑

家茂是業務部門的主管，貓世代的阿玲是他新召募進來的頭號大將，阿玲學歷好、表現佳，家茂很看好她，讚不絕口。誰知道一年以後，家茂提到阿玲便嘆氣，到底發生什麼事了？

原來，家茂對阿玲充滿期待，希望她能突破現狀，業績一直成長。剛開始阿玲的業績進展很快，頭一年便收入破百萬，家茂等著她再創高峰。誰知道第二年、第三年，阿玲的業績持平，年收入維持在一百萬元到一百五十萬元之間，看不到第一年的成長。

家茂以為阿玲遇到瓶頸，找她一對一面談，希望能幫助她。

「謝謝茂哥，我沒有什麼瓶頸耶！」阿玲回答，「年收入這樣我就很滿足了，現在我很輕鬆就可以做到百萬年收的業績，存下來的錢可以出國旅遊、吃美食，這樣就夠了。」

「阿玲，妳有超級業務員的潛力，再積極一點、再多點企圖心，我跟妳保

證，十年內妳一定年薪千萬，」家茂語重心長對她說，「不然太可惜了。」

「謝謝老闆，」阿玲說，「我知道我可以，但我只想賺到的錢足夠每年出國玩、想吃大餐就吃大餐，這樣就好了，我不想追求卓越，太辛苦了！」

河泉老師破框

人在職場上工作，追求的無非一份成就感，成就感也是激勵每位職場人往前邁進的動力，但是究竟會因為多大的成就感而滿足，每個人不同，每個世代也不同。多數犬世代生長在「有努力便有收穫」的環境，從小被灌輸「努力做大事」的觀念，學會經歷長時間的累積，用大努力、吃大苦換取大成就感。

然而貓世代生長環境逐漸演變成「有努力未必有收穫」，加上父母親多鼓勵和肯定，在職場中他們會想，就算累積大努力，也未必有大成就，乾脆努力到滿足自己小小的欲望。他們覺得與其追求失敗率高、爆肝率高的成績，不如利用下班或假日找方法可以快速肯定自己、回饋自己，最典型方式莫過於例子中阿玲喜歡的旅遊、美食，又或者到排隊名店消費打卡、知名文青咖啡店消磨一下午、拍個ＩＧ被按許多讚，貓世代自我創造這種專屬個人的美好感受，短時間的自我療癒，便是我們常說的「小確幸」。

小確幸，出自日本小說家村上春樹的隨筆《蘭格漢斯島的午後》，他描述在午後疊好洗好晾乾的內褲，整整齊齊放進衣櫃，便是他最享受的「小確幸」。妙的是，村上春樹的「小確幸」其實來自於他極自律的作家生活，每天慢跑一小時、寫作八小時，過了三十多年的「小說公務員」的生涯，堅守一成不變的節奏感，跳脫這份節奏感的小況味成為獎賞自己的「小確幸」。

換言之，小確幸背後有著大努力，與整個台灣貓世代追求的小確幸氛圍截然不同。台灣貓世代追求的小確幸，多數不是大努力後的小獎賞，而是直接與自我實現畫上等號，追求短時間的享受來取代自我成就感。

你也許會問：「這是他們個人的追求，就算看起來不長進，在職場上對組織會產生什麼負面影響嗎？」這種負面影響是隱而未見的，這種追求會營造出一種「這樣就好」的靜止氛圍，當貓世代部屬決定用自我肯定取代來自主管或組織的肯定，自然不會要求自己完成更多挑戰、有更多的企圖心。時間一久，整個組織便會互相影響，停滯不前。

如何因應貓世代只求小確幸，罕有成功欲

許多犬世代主管頗為困擾貓世代部屬追求「小確幸」。部屬沒有錯，主管無法糾正他們，但是部屬的欲望如果不高，對激勵還無動於衷，犬世代主管就要面臨組織成長的壓力，該如何因應？

第一招，參考UNIQLO的績效獎金制度。

員工的職場行為都受績效獎金制度影響，如果想要激勵員工士氣，從小確幸變成大努力，光動之以情或說之以理沒有用，一定要搭配制度的誘之以利。

經營UNIQLO的迅銷集團會長兼社長柳井正在公司股票上市後，發現公司成長停滯，其中一個關鍵因素便是員工心態懈怠、開始只求小確幸，於是他決定做組織變革。為了激勵員工擺脫舒適圈，他設計了「超級大店長」制度，只要前線店長做出超目標業績，便可成為「明星店長」，「明星店長」的薪水可以是一般店長的十倍，對於自管的店有完整的決策權，建議也可上達集團總部，影響集團決策。

柳井正的做法包括：（一）拉大績效獎金的差距，讓員工心生嚮往。（二）提供高額獎金的同時也提供授權。一方面從績效獎金制度調整來誘導員工行為，所謂「重賞之下必有勇夫」，另一方面賦予權限，讓店長感覺到這是「自己的店」，而不是幫別人打工，增加榮譽感和成就感。有形的金錢、無形的榮譽感雙管齊下，絕對有助於貓世代員工不再只追求小確幸。

如果犬世代主管無法改變制度，也有以下兩個方法，可因應貓世代只追求小確幸。

第二招，主管借力使力，讓自己成為小確幸的來源。

年輕世代認為需要具體的小確幸維持工作的動力，多多鼓勵也沒什麼不好——反正他們沒有要主管出錢。反過來說，犬世代主管也可以找到適當的時機，請貓世代部屬吃下午茶，或者帶表現特別好的幾位員工享受最紅的餐廳，用一些小代價投資部屬，做為激勵的手法之一。

除了食物、飲料等物質的小確幸，心靈療癒類的小確幸也有必要。我認識幾位總經理每個月固定親筆寫感謝卡給當月表現最好的幾位員工，也鼓勵員工寫卡片感謝當月最想感謝的人，前提是必須出自真心、不勉強，不要為做而做。久而久之，主管會在部屬和團隊間創造一股正向積極的氛圍，有助於內部溝通順暢，降低內耗成本。

第三招，參與貓世代部屬的小確幸。

與其身在外圍議論貓世代部屬的做法，不如適度加入他們的小確幸，多了解他們在工作以外的生活，了解他們玩些什麼、聊什麼話題，也讓自己年輕起來，並增加親和力。主管參與加入部屬的活動，單就行為本身對他們便是肯定，千萬別認為這是浪費時間。

參加部屬活動，不管有沒有聊天話題，你都要記得多聽、多問、少說，千萬別提工作相關話題，這會讓自己成為「急凍奇俠」，他們下次鐵定不約你。

追求即時的自我滿足感，或者小確幸，這是一種時代產物，沒有好或壞，犬世代主管用不著嚴肅以對。換個角度、蹲下身子來看看貓世代部屬的世界，也會發現人生另一種風景。

跨世代交心攻略

貓世代部屬只追求安於現狀的小確幸，容易造成組織成長停滯，該如何因應？

❶ 參考 UNIQLO 的績效獎金制度。

❷ 主管借力使力，讓自己成為小確幸的來源。

❸ 參與貓世代部屬的小確幸。

6 一心多用↔用網路勝過走馬路

文正負責帶新人訓練，結果他心裡很不舒坦。並非新人能力不足，也不是反應太慢，而是他們太容易一心多用！

不管是哪位長官來授課，五分鐘左右就有人躁動、東張西望，十分鐘開始有人偷滑手機。明明已經提醒，還屢勸不聽，課後分享會議更糟糕，文正偶爾點人起來問：「今天的內容重點」，很少有人答對，不然就是丟三落四，搞得現場尷尬。

不只開會，一對一說話也是如此。剛開始文正以為是自己說太快，讓部屬記不住，還刻意放慢溝通速度，說更多的細節，後來發現部屬的思緒很快飄走放空，記不住又不多問幾句，最後執行結果就是缺東牆、補西牆，讓他這個主管還得幫新人擦屁股，效率大打折扣。

他好說歹說，公開點名、私下規勸都試過，沒什麼效果；到底該怎麼辦？

河泉老師破框

微軟加拿大的研究人員發現，現代人的注意力從二〇〇〇年的十二秒，下降到二〇一五年的八秒，這裡的「現代人」包括犬世代，更何況數位原生族的貓世代，生下來看的就是影音短片，不需要專注便可凝聚注意力，讓貓世代要自發性專注更困難，加上從職場上充斥的網路、即時通訊軟體的影響，經常手上的事情沒辦完，便被訊息干擾，造成一心多用，更難專心。

一心多用導致兩個現象。一是主管交代工作時，貓世代部屬常常有聽沒有到，抓不到重點，原因是恍神恍到別處去。二是表面上看起來的確在聽，可是聽完之後做出來的成果，與口頭上表達的差很多。

探究貓世代部屬無法掌握犬世代主管交代的工作，有幾層原因，其一是對於主管在交辦任務時刻說的話，貓世代沒有確認的習慣。二是在當下沒辦法專心，事後習慣自我解讀主管交代的重點。三是執行過程中如果有疑惑，他們仍然很少確認，習慣做到告一段落再確認，或乾脆全部做完，完成後有可能和主管的要求落差很大。總之，因為一心多用，事後又不確認訊息，而用自己的邏輯解讀片面訊息，與原先主管交辦的內容越差越遠，最後做出走鐘的結果。

偏偏，許多犬世代主管也不習慣把事情講得清楚，期待部屬舉一反三甚至揣摩上意，但是對貓世代部屬而言，不習慣花心私確認和追問上意，雙方落差變大，形成惡性循環。看似幾分鐘的溝通落差，伴隨著執行失準，再加上來回修正造成組織內耗，最後便成為運作效能低下的恐龍組織。

如何讓易分心的貓世代聽進重點

一心多用、不專心是執行結果崩壞的起點，從溝通的開頭如果就歪樓，到最後鐵定越差越遠。但是一心多用、無法專注是既定事實，越後來出生的二〇〇〇年後的世代恐怕心思更雜亂，犬世代主管該如何確保溝通精準到位？

第一招，交辦事項後要部屬複述一次，確認理解。

犬世代主管知道貓世代容易分心，自己先要培養耐性，交辦事情務必條列式講清楚，同時現場要做會議紀錄，交代完之後請部屬複述主管的內容，確認他們確實聽懂該指令。會後開始執行時，也要定期追蹤、確認，而且每次確認不能只有口頭確認，也要同步有文字紀錄。

第二招，交辦事情時，經常突然抽問，要求部屬複述重點。

當犬世代主管召開會議，交辦任務時，在過程中突然抽問，要求某幾位注意力分散的與會者當場重複主管剛才的重點，如果答不出來就點下一位回答，藉此讓貓世代部屬練習專注，保持警覺，把回應練習成習慣。

這一招與老師隨堂抽問有異曲同工之妙，但畢竟雙方都是職場成年人，還用學校老師招數實在頗為幼稚，卻不得不說很有效，一旦貓世代部屬有此種心理預設，開會容易保持在專心的狀態，也更能抓住會議的真正重點，讓開會有效率。

倒是特別提醒犬世代主管，如果被點到的部屬講不出來，冷靜點下一個人，不要動怒，當眾答不出來已經是種懲罰，用不著繼續在傷口上灑鹽；把溝通會議弄得氣氛逼人，就算溝通精準，卻讓部屬心生怨念，反而因小失大。

第三招，開會時多給部屬表達的機會，訓練他們分點陳述。

開會的時候，主管有意識的減少自己說話的時間，多請部屬陳述意見，要求他們刻意練習分點陳述，培養抓重點的能力，也有助凝聚注意力。平常內部訓練時，也可以營造共同觀看影片的機會，看完影片後，要求部屬發言陳述影片發生什麼事？重點是什麼？主管也要有耐心與部屬一起收斂分心、拉長注意力，一方面有助於專注，另一方面培養開會的能耐，提高開會、討論的效率，縮短會議時間。

提升部屬注意力，避免一心多用，目的並不是要他們在主管講話時，聚焦在主管身上，讓主管感覺良好，而是在培養部屬深度思考的習慣和能力。未來企業遭逢的問題都可能是前所未有的，當部屬具備主動思考的習慣和能力，更有機會解決過去沒有遭遇過的問題，貢獻更有價值的創意，有助於打造高績效團隊。

跨世代交心攻略

面對貓世代部屬一心多用、無法專注時，該如何確保溝通精準到位？

❶ 交辦事項後要部屬複述一次，確認理解，會後繼續追蹤進度，定期回報。

❷ 交辦事情時突然抽問，要求部屬複述重點，讓他們集中注意力。

❸ 開會時多給部屬表達的機會，訓練他們分點陳述。

第六章——

講公平

期待受重視，與人平起平坐

1 沒禮貌又白目↔我只是真性情，做人何必虛偽

美華是傳統產業的執行長，公司為了推動數位轉型，在執行長室成立數位轉型小組，還找了一群年輕人參與。只是，每次和這群人相處，她都覺得渾身不對勁。

好比前幾天開會，與會的有美華、轉型小組副總、業務副總和這群年輕人，當天由這群年輕人負責簡報，開始的時候沒有向主管們問好也就罷了，會議進行到中間提及兩位副總時，他們既不喊職稱，也不尊稱「姐」，直呼副總的英文名字。

美華當場忍不住發問：「你們叫副總什麼？」

「Rita啊！」簡報者回答，「我們老闆不是叫做Rita嗎？」

「怎麼不叫副總，或Rita姐呢？」美華問。

「蛤？」簡報者滿頭霧水，「我們都這樣叫來叫去耶！」

簡報結束後，美華主動回饋自己的看法，指出簡報內的問題之處，按照往

例，部屬會接受後修改，會議也到此結束。沒想到，這群年輕人針對美華的回饋，會後竟然提出反駁意見，還直指美華某些概念不是「數位腦」，搞得美華超沒面子。

河泉老師破框

不少企業犬世代主管找我抱怨的事情和美華相同，這群主管陳述問題時使用的共同關鍵字是「不懂禮數」、「白目」。事實上，他們沒說出口的潛台詞是：「為什麼現在年輕人這樣不給主管面子？」

對犬世代主管來講，貓世代部屬的「不懂禮數」，有以下表徵：（一）不主動打招呼，碰到主管不會先問好，不夠尊敬。（二）白目，什麼叫白目？他們不會看場合、不會察言觀色，經常在不對的時候說不得體的話、口無遮攔，做事也不懂委婉、試探與禮數，一根腸子通到底。

舉例來說，以前我在金融業，晚上團隊在一起聚餐，主管如果還沒來，幾個先到的部屬會保留主位給主管，還先幫主管點菜和喜歡的歌。但現在的貓世代可能也要幫他們點菜和點歌吧！

所謂「職場倫理」，指在職場上因位階高低或資歷深淺，後輩對前輩必須有的禮數。在某些職場環境裡，好比傳統製造業、公家機關，後輩尊重前輩、為前輩服務，是職場倫理的一環，但在網路公司、新創產業，創辦人和職員相對平等，所以職場倫理在不同產業，就有不同的處理方法。在過去，主管掌握部屬的賞罰和績效考核，犬世代為了職場求生，慣用揣摩上意、向上管理來表現職場倫理，認為老闆可能喜歡被拍馬屁、被呵護、被稱讚，深諳「做了會得勢、不做會出事」的潛規則，職場倫理不可不講究。

太白目的部屬如何調教？

在過去，犬世代的上司面對他們不懂禮數時，會怎樣處理呢？傳統的做法很直接，首先是當場直接給你下馬威壓制，再來就會使用權術，不管是明的耍權力，或是暗的以調動、換部門，甚至最嚴重的開除等手段，達到上司維繫威權的目標。

時至今日，主管仍然擁有這些權力，只是動用權力壓制或管理貓世代，容易引起他們很大的反彈，加上現在有網路助陣，一點職場上的不滿，馬上發表到「靠北」相關臉書發表，影響力透過網路串聯延燒，甚至可能演變成群體抗議，讓現在的犬世代主管開始選擇隱忍。既然現在行使權力要格外謹慎，不宜直接施壓，那麼萬一貓世代部屬太白目，惹你不舒服，該怎麼做呢？

第一招，別先生氣，多聽少說。

假設犬世代主管遇到貓世代部屬沒禮貌、出言牴觸時，別急著生氣，不妨先「閉嘴十秒鐘」讓自己冷靜下來，然後反問對方：「我可以了解你這樣講的意思嗎？」、「可不可以多解釋一點？」有時候貓世代用字遣詞的風格與犬世代不同，多讓他們解釋清楚，把話題重點轉移到事情本身，別讓情緒牽著鼻子走，執著於檢討對方為何用這種態度說話。

試著把注意力放在部屬有趣的創意上，忽略他們在溝通上引發你不舒服的種種感覺，進而誘導他們去完成公司賦予的任務。與其去修正與打壓他們的態度，不如誘導他們發揮所長。

等雙方彼此釐清事情後，再討論溝通態度的問題，他們會比較聽得進去。萬一不幸遇上最糟狀況，也就是某個部屬每次講話都白目到讓自己火冒三丈，但又非得用他時，記得請別人當溝通橋梁，避免直接槓上對方，惹火彼此，造成團隊內耗。

第二招，忽略部屬無禮態度，就事論事提出要求。

對於無禮的部屬，請直接講明你的要求是什麼，比方說，業績、續約率或新客戶進件數等等？再要求他自行訂出達標的時間表，你再針對各時間點檢查他究竟做到什麼成績。

主管要先忽略部屬的無禮，耐住性子，採取以下心態應對：「我先原諒你的態度，但在約定好的時間點，我也期待你的真本事，交出成績給我看！我在肯定你成績的同時，也會點出你該收斂的地方。」舉例來說，碰到這種高績效但態度不好的貓世代部屬，在他做出好成績，我會先當眾讚美他，然後開玩笑說：「我知道你說話沒有惡意，如果口氣能調整一下，一定能贏得更多人佩服你。」相反的，如果部屬沒達標，趁機再指點他們也不遲。

第三招，拿捏時機再出手調教。

貓世代部屬太白目時，你可以出手調教，但不見得是當下就給他們好看，而是要拿捏時機，等到有適合的切入點做機會教育，這時他們才聽得進去，調教也有成效。

這裡提醒犬世代主管要留心一件事：今天一個貓世代部屬敢直接對嗆，冒犯上司，代表這個人很可能的確有其他人沒有的長才。請你看在此人日後也許可以為你立下豐功偉業的前提下，暫時忍一下，等待適當的調教時機。之後如果他不如預期，再有其他動作也不遲。

有人說，未來世代沒有主管和部屬的從屬關係，只有夥伴關係。隨著人氣和連結流來流去，別再以為行使權力可以有效控制部屬，試著用新世代的方法加乘自己的影響力，便能成為跨世代的領導者。

跨世代交心攻略

如何調教貓世代部屬學習職場倫理？

❶ 別先生氣，多聽少說。

❷ 忽略部屬無禮態度，就事論事提出要求。

❸ 拿捏時機再出手調教。

2 不配合團隊↓↑一樣在工作，為何別人不配合我

如果全家都在家吃晚餐，結束後常常會在客廳聊天，有一天看選秀節目，其中有一段讓我印象很深刻。

該輪比賽是兩個戰隊對決，A隊選手輪流上台叫陣，單挑B隊的一位選手，一對一互尬。

其中一位學員在贏得比賽、接受主持人訪問激動的表示，今天唱的這首歌，是導師×××選的，過去他從來不可能選。這次選完全是為了配合團隊策略，所以必須唱這首歌，老師堅持他唱這樣的曲風，有別於以往，最後突破了自己……。說完，他淚灑當場。

看到這一幕，我找兒子討論兩個問題，在這裡也邀請大家一起想想：

（一）為什麼這位學員要接受導師的建議？

（二）他為什麼要配合團隊？

河泉老師破框

貓世代部屬向來習慣單打獨鬥，一心做好自己、爭取自己的表現，就像這位學員說的「過去他都唱自己選的歌」，不接受別人意見；也因此，對於要調整自己、配合別人、團體、部門或單位，貓世代心裡的ＯＳ會是：「為什麼要我配合別人？不是別人來配合我？不公平！」他們比犬世代更想表現自己的主見，更少委屈自己配合他人，也聽不進別人的想法，如果被要求調整自己去配合其他人，都會覺得主管「不公平」。好比現在大學社團數量大幅下降，因為實體活動需要彼此配合、有主從之分，還不如我在網路上加入喜歡的粉絲團，發言的每個人都是主角，最公平！

家庭是每個人最早加入的團隊，犬世代和貓世代最大的不同便是，前者多數在家庭裡從小被要求配合別人，缺乏主導權；後者多數是主角，別人要配合他們，擁有主導權。離開家庭進入學校、職場，貓世代習慣當主角，不習慣當配角，甚至認為退讓是被不平等對待，自然缺乏團隊向心力。

我常說，與其練樂器不如參加樂隊，與其打球不如參加球隊，與其唱歌不如參加合唱團。因為犧牲自己的表現，學習培養團隊精神所能達到的目標，絕對比個人能完成的目標更高遠、影響力更長久持續，更容易被看到，這是始終做主角所學不到的。從公司角度看，要成為高效能組織，關鍵便在凝聚共識，每個成員願意為組織目標放下自我，彼此搭配，每個人扮演各自的角色，便是團隊向心力。

我也認為，所謂的團隊，是指不管多少成員，應該分擔均等的權利和義務，共同為團隊付出。所以如果家庭有四個人，就應該各負責四分之一的權利和義務。

然而，真的是如此嗎？

我們會發現大多數的家庭，都是兩個大人負擔超過九九％的義務，小孩被寬容的「只要先做自己想做的事就好」，而沒有盡義務（有人會說小孩的義務是念書，請注意，念書只是小孩的本分，本分是你該做好的事，義務是你該為團隊盡的責任）。

也不能全怪孩子，孩子不是不願意為家庭盡一分心力，而是大多數的義務，都被父母攔阻並且搶先完成，這種只給予「把你的書念好就好，其他都不要管」的心態，造就了孩子們「被迫」只能享權利，不用盡義務的觀念，不但從家庭帶到了學校，甚至也帶進了企業。

三招讓貓世代放下自我，創造團隊向心力

犬世代主管可以試試看以下三招，讓貓世代練習願意退一步放下自我，創造團隊向心力：

第一招，建立「導師制」，幫助貓世代與組織文化接軌。

當貓世代部屬進入公司時，建議主管安排熟悉公司的前輩來帶新人，建立「導師制」。「導師」（mentor）熟悉組織生態、了解企業文化、目標和願景，新進部屬在剛進公司的「黃金七十二小時」，交由相對應的導師來建立他們對公司的基本概念和認識，協助他們慢慢融於團隊；七十二小時後，導師化身為被動請教的對象，為新手指點迷津。

根據新人的特徵，難融合於團隊有兩類傾向：過於進，過於讓；導師的主

要任務，便是協助他們「進者退，退者進」。如果新人是過於讓的人，導師要「誘導」讓他創造小成功、建立初步自信，刺激他繼續表現，讓主管和團隊看到他的價值。如果是過於進的人，導師則要「主動」表現自己的能耐，先讓對方服氣和聽得進去建議，再進行安撫或調整，才會有進展。在過程中，新人部屬也可趁機找出自己適合的角色和功能。

第二招，把人放在適合的位置上。

的確，有時候貓世代缺乏團隊向心力，開始要求公平、凸顯自我，不是他們的問題，而是組織的問題。任何貓世代新人進入公司一定想要發光發熱，因此，如果不能讓他們發光發熱，他們怎會想留下來、有向心力？對犬世代主管而言，讓貓世代部屬發光發熱，關鍵不是讓每個人都有同樣的表現機會，而是在組織架構的彈性許可下，有沒有把部屬擺在適合的位置上，有沒有用到他們的強項而不是弱項。

比如說，前面提到具備「進」特質的人適合扮演主動突圍的角色，適合個人色彩濃厚、需要表現想法、團隊配合不需要那麼多的工作內容，如提案、開拓業務、建立人脈。具備「讓」特質的人適合扮演後勤支援的角色，適合協調、溝通、有助於結合各部門的工作內容，如客服、行銷、營運、人資部門等等。

第三招，用團隊目標串聯個人目標，對症下藥，各個收服。

經過一段時間（通常是三個月）對貓世代的觀察後，犬世代主管的挑戰在於，要了解部屬對公司的需求是什麼：要發財？要升官？還是要累積成長經驗？這些需求和團隊目標之間可以產生怎樣的連結，找個時間向部屬說明兩者之間的連結，讓部屬理解團隊目標和個人目標彼此不相違背，是可以共好、共享的，所以團隊合作、團隊精神不是為公司犧牲，而是成就自己。

附帶提醒，你一定會發覺某些部屬負能量特別強，對正向激勵無感、不相信，甚至酸言酸語，如果你的部屬是這種暗黑分子，犬世代主管不妨試著創造危機感，讓他們恐懼，比方說，與其告訴他們完成組織目標有什麼好處，不如告訴他們無法完成會有什麼損害；與其苦口婆心邀請他們創造共好的未來，不如告訴他們同期進來的同事當前進度已經超越一大截。

說穿了，貓世代部屬要爭平等，只是期待有人看見、注意與在乎。傑出的領導人是充分體認到部屬求表現的心，能看到每個成員的優點，同時讓他們心甘情願扮演好各自的角色，最後充分發揮團隊的潛能。而這一切有賴領導人的修煉與智慧。

跨世代交心攻略

如何培養貓世代部屬放下自我，提升團隊向心力？

❶ 建立「導師制」，幫助貓世代與組織文化接軌。
❷ 把人放在適合的位置上。
❸ 用團隊目標串聯個人目標，對症下藥，各個收服。

3 聽不進別人建議↔我做得很好啊，為什麼要改

蕙慈是公司一年前找進來的八年級儲備幹部，表現很優秀，主管祥哥逐漸放手讓她負責整個計畫，蕙慈做得也不錯。

有一回，蕙慈負責公司的年度活動，她投入很多，偏偏在與祥哥討論執行計畫時，蕙慈堅持要用人頭計算餐費，老王卻認為根據過去辦活動的經驗，大約三人份餐點用兩個人頭就可以，兩種算法會讓餐費相差三分之一。由於成本有限，祥哥特別提醒蕙慈，要注意食材控管，避免訂得太多，現場剩菜太多。

到了活動當天，果然如祥哥所料，按照人頭計算食物的份量太多，現場剩下約一半食物，祥哥當場把蕙慈叫來責備，蕙慈當場覺得面子掛不住，淚灑會場，活動還沒結束，她不顧活動正在進行，掉頭就走，把後續事務丟給其他同事。活動結束後，蕙慈便提辭呈離職。

祥哥到現在還是搞不懂為什麼蕙慈如此堅持，然後事實說明一切後，又玻璃心的無法面對；聽不見前輩意見，又怕丟臉，貓世代怎麼這麼難搞？

河泉老師破框

八〇後出生的貓世代，堪稱史上最有自我主張的世代。

原因在於，他們一方面習慣在網路上創造自己的舞台或平台，掌握更多展現自我的機會，相對容易肯定自己的成就。另一方面，戰後嬰兒潮世代之後、犬世代的父母，不想把自己受父母壓抑、聽家長命令行事的成長過程，複製到小孩身上，因此開始尊重他們的想法。遇到年輕人堅持想法，大人很多時候會選擇讓步。

基於上述兩點，貓世代既有機會實踐自己的想法，再加上從小受到鼓勵，所以他們在進入職場前，會相較於其他世代，更相信自己是對的。

但是職場完全不同於學校、家庭，進入職場的人為了達成工作目標，必須接受不同的職場文化，配合每個成員不同的觀念和做法，使得最有主張的貓世代能夠完全實踐自己想法的機會，突然變得少之又少。如果又碰上犬世代頂頭上司沿用舊的管理邏輯，就會引發跨世代的衝突。

跨世代的衝突說到底，終究是雙方溝通方式相差太大。犬世代慣用兩種溝通方式：一是命令式溝通，要對方聽話照做，沒有選擇的權利。二是暗示型溝通，不把話說明，習慣點到為止或暗示。前者聽在貓世代耳裡是太過霸道、不夠民主，後者則是講得好聽卻毫無內容的幹話。兩種溝通方法毫無作用，偏偏犬世代除了這兩種溝通模式，也不懂溝通該如何調整成貓世代部屬聽得進去的方式；貓世代也沒有學習如何聽懂犬世代的語言，引發世代間的隔閡與反感，表現於外就是貓世代聽不進大人建議。

如何讓貓世代聽進別人的建議

在職場上，犬世代主管想讓貓世代部屬聽進別人的建議，該怎麼做？

第一招，犬世代要認清，貓世代聽不進去的「不是內容，而是態度」。

與貓世代相處時，犬世代盡量避免頤指氣使、上對下的說話方式。其實犬世代可以試著在辦公室裡，把主管的角色加入導師的成分，想像自己是老師在教學生，態度和身段便可緩和平衡些，更有助於職場的溝通順暢。

要放下身段改變溝通的態度，是犬世代主管最跨不去的關卡，忍不住還是再三強調，想要投貓世代所好、拉近距離，方法有兩種：

（一）找輕鬆的話題聊聊：許多犬世代主管其實很害怕在公司遇到部屬，因為除了公事不知道要聊什麼，聊著聊著又變成交代工作，最後又現出上對下的態度。所以犬世代主管必須要求自己刻意練習不談公事，閒聊非公務話題打破上對下的角色限制。

（二）樂於分享下班後的事：如果犬世代主管找不到輕鬆話題和部屬閒聊，另一個選擇就是分享自己下班生活。傳統犬世代會認為休閒樂趣對工作沒有幫助、沒有意義，但這種想法並不適用於貓世代，因為貓世代的生活中，公私界線模糊，相處時多多與貓世代部屬分享自己下班後的生活，也多聽聽他們下班後做的事、未來的願望，了解他們的想法。如果你把公私界線劃分太明顯，態度上很容易變得嚴肅，貓世代就會從你的態度上判斷你難以溝通，也就難聽進你的話。

第二招，在雙方意見牴觸時，犬世代主管要改用「問題誘導式」溝通。

提出問題讓貓世代講出你心裡想要的答案，或者讓他們發現自己的想法還不成熟與欠完整，主動需要另外的建議。你可以用以下三句關鍵提問，進行「問題誘導式」溝通：

- 你覺得該怎麼做比較好？
- 你覺得這樣做，獲得的最好成果和必須承擔的風險是什麼？
- 一旦以最後結果處理賞罰時，你能承受嗎？

根據多數主管的經驗，貓世代考量事情時容易低估風險，犬世代主管根據經驗，若認定對方無法解決問題，與其責備或抱怨，不如用問題循循善誘，讓他們同時知道身為主管的為難，引導他們發現自己的問題，產生改變。

「問題誘導式」溝通的好處是，「解決問題」這件事擺在責備人之前，可以讓雙方聚焦在解決問題上，而不是被糾錯、怪罪的情緒牽著走。犬世代主管不要直接當宣布壞消息的烏鴉，而是誘導貓世代自主評估風險，意識到風險造成的懲罰和責任歸屬，他們自會修正出一套雙方有共識的答案，讓原本可能充滿衝突的溝通變成有建設性的解方。

跨世代交心攻略

如何讓貓世代部屬聽進別人的建議？

❶ 認清部屬聽不進去的「不是內容，而是態度」。

❷ 意見互相牴觸時，改用「問題誘導式」溝通。

4 不願做小事↔我又不是來應徵做小事

怡君剛從研究所畢業不久，進入一家大企業上班後負責一項新專案，由於公司沒有撥出太多資源給新專案，她人手不足，所以從策略、計畫、執行全都一手包辦，甚至到報帳、準備開會資料也都要自己來。

對怡君來說，選擇這家公司原本就期待可以投入公司轉型相關專案，貢獻腦力，但是萬萬沒料到，除了貢獻腦力之外還要花很多時間處理瑣事，好比每次都要花上一整天報帳、蒐集帳務、輸入資料、核帳，她煩不勝煩，向主管反映也沒有下文。

怡君一直抱怨做小事，她的主管嘉文也很無奈，公司向來因人手不足，身為小型專案負責人要大小通包，目的在讓他們經歷完整的專案流程，日後負責大型專案才顧得到全局，更何況疫情後公司人事凍結，每個專案的人力成本更緊縮。嘉文知道怡君是個人才，做這些行政小事確實很耗費時間，卻也沒辦法同意她發外包或雇用臨時人員。但很怕怡君一走了之，嘉文不知該如何是好。

河泉老師破框

我常講「不要怕做小事」，為什麼不要怕？因為職場上的「大事」——公司的願景、策略、管理文化等等，占兩成到三成，剩下七、八成都是小事。但做小事，好比訂飲料、訂雞排，都有高下之分，有人就是有效率、有人沒效率，還有人不知道怎麼訂。

面對小事，犬世代和貓世代的態度有別。犬世代看待「做小事」是「磨練」，認為是必經的過程。貓世代則認為小事是「麻煩」，覺得小事占用時間、不夠專業，該用聰明的方法簡化或省略不做。他們對小事的態度是得過且過，認為反正不重要，所以指派他們做小事經常達不到標準。如果你念他們，他們就告訴你：「這不是我到這裡來想做的事，浪費時間。」

我在商周ＣＥＯ學院課程引導時，全球第一伺服器製造廠勤誠興業陳美琪董事長曾分享提到，她大學畢業進貿易公司上班，因為不會打字、報關、對帳這些小事，也經常不明白客戶交代的事情，被老闆臭罵「只用四分之一小腦做事，只值七分之一的薪水」。陳美琪因此每天加班苦練「小事」，奠定她日後創業的基礎。如果沒有當年這些「小事」的訓練，根本很難度過企業草創時大小事一肩挑的挑戰。

如何讓貓世代樂意做小事

回到案例的情境，換成你是主管嘉文，要怎樣培養怡君樂意做小事呢？

第一招，彰顯小事對部屬的無形價值。

小事其實未必是小事，端看當事人怎麼看，如果把小事看得小，多半是當事人不知道小事對於自己的價值，所以覺得它沒有意義；相反的，如果可以讓貓世代部屬理解小事對於他們的價值，提升他們做事的意願。一般說來，貓世代員工會關心的無形價值不外乎「上班能得到什麼」和「未來的機會在哪裡」，如果犬世代主管可以告訴部屬，小事與這兩項價值的關聯，就可以激發部屬做小事的動力。

比方說，對於做會議紀錄很不耐煩的部屬，主管可以告訴他們，寫會議紀錄有助於學習聆聽和抓重點，對簡報與提案很有幫助，而且會議紀錄做得好，老闆看見你的機率很高，有助於升遷。

也可以激勵部屬，多數人天生一手爛牌、缺乏資源，也非一帆風順，終究能夠克服挫折，達到成就，其實就是做好小事。比如前亞都麗緻集團董事長嚴長壽，最早是在美國運通信用卡公司收發小弟，專做別人不做的小事，反而讓主管看見，最後當上總經理。可以說做小事的成功，會取得做大事的門票，贏得做大事的機會。

第二招，溝通要用年輕人的語言，讓貓世代聽進去。

有時候貓世代部屬未必不願做小事，而是主管沒有使用相同語言來溝通與說服。

換成我是貓世代的主管，希望他們做小事時，我會借用電玩遊戲的比喻告訴他們，做小事和打怪取得寶物是同樣道理，你要反覆練習才有機會拿到寶物，也許在拿到寶物的當下不知道怎麼用，但在未來某個莫名的關卡，會需要這個寶物，此時便派上用場。小事猶如這個當下不知怎麼用的寶物，做的時候不知道為何而做，但時機一到便會派上用場。成就大事好比打敗最後一關的大魔王，但在這之前必須累積無數做小事的歷練，才有足夠的能力值成功破關。

第三招，掌握部屬剛加入的「黃金七十二小時」，預先為部屬做心理建設。

做小事是企業中分工的邏輯，有的企業強調專人專業，瑣碎行政庶務歸行政人員，其他職務各自分工，但也有的企業傾向一條龍，一個人獨力張羅所有大小事。如果趁部屬剛進公司時先讓他們了解公司中分工的邏輯，等到真的要面對，他們在心態上才能接受。

每個貓世代員工加入一家企業之前，會從網路上得來許多對公司先入為主的觀念，會有事前的想像，但是對進入公司後具體要做什麼，其實相當茫然。所以為了讓他們建立符合流程的工作方法，主管在他們進入公司的七十二小時內，必須清楚誠實說明公司的工作標準和工作需求，例如：重視細節、壓力大、要求高、大小事都要做等，為新近員工建構符合公司步調的工作方法。

總之，一個犬世代主管，如果能讓貓世代部屬在職場裡學會不挑工作，大小事都能看到不同的優點，累積不同能力，其價值不只在為公司培養人才，也是讓部屬更具未來競爭力。

跨世代交心攻略

如何讓貓世代部屬心甘情願做小事：

❶ 彰顯小事對部屬的無形價值。

❷ 溝通要用年輕人的語言，讓他們聽進去。

❸ 掌握部屬剛加入公司的「黃金七十二小時」，預先為部屬做心理建設。

5 死不認錯↔錯的未必是我，而且不能好好講嗎

阿光是食品業的新進業務，專門負責百貨公司專櫃通路。最近碰到週年慶，百貨公司樓面主管為了商討刺激買氣的特別優惠，找來阿光。

阿光先將公司討論出的折扣原則告訴樓管，這個原則是讓公司維持獲利的前提下做出的調整。然而，各百貨公司之間競爭激烈，客人超愛比價，樓管為了爭取買氣，就用交情和日後的合作關係拗阿光，要求他在這次週年慶多給一些折扣或贈品優惠。阿光為了在客戶面前證明自己說的話和主管有同等份量，拍胸脯答應樓管的要求，完全忽略他多給的優惠，已經逾越原本公司給的底線。

主管阿良看到阿光談回來的合約大驚失色，趕緊找他來確認，沒想到，他的回覆是：「我話都已經說出去，要改你自己去改。我講的話，我不想收回。」

同樣的事情，阿良已經為年輕部屬收拾善後多次，也苦口婆心開導，但年輕人亂開支票、硬要上司負責之類的狀況，還是重複發生。

河泉老師破框

年輕部屬喜愛做出超越職權的承諾、證明自己與資深同仁、甚至主管有同等影響力，做為平等的象徵，這些都可以理解，但如果處事過程不合流程，甚至對客戶的承諾無法兌現，就會傷害客戶和公司的聲譽。這種看重自己的面子和意見，甚於客戶與公司權益的行為，說穿就是為了證明自己與前輩或主管能平起平坐。

以上述案例來說，要年輕部屬知道認錯，並且行為上不再犯，必須本人先願意改正，同時也有能力改正；這裡點出行為改變有兩個因素：能力和意願。

阿光與樓管的交涉內容，是一種商業交涉和談判，商業談判的目標就是要兼顧成功合作，以及為公司爭取最大利益。阿光有意願談成合作，但是他位階不夠高，談判籌碼不夠多，能力不足，但他又為了顯得自己老練、說話有份量，忽略自己能力不足，為求交易成功，甘冒口頭支票無法兌現的風險。等到成交後才發現不符合公司原則，然後為了能兌現自己對客戶的承諾，免得自己沒面子，於是事後向上司做額外要求。

這當中其實牽涉到貓世代一項心理素質：愛面子。

你會問：誰不愛面子？

的確，不管哪個世代都愛面子，不喜歡當場遭人打臉與否定，只是貓世代從小在「按讚」、「自拍」等鼓勵彰顯個人主義的環境下長大，他們認為自己懂很多，比犬世代更早開始在意面子，而且就算沒有裡子支撐面子，也無所謂。總之，不願因年輕就被看輕，希望自己的看法和其他年長資深同仁的看法，能夠同樣被看見，不會因為年輕而被忽視。

但是貓世代一進入職場，立即遭遇現實打擊。面對部屬的差錯，許多犬世代主管習慣做法就是當場指責與糾正，直接讓貓世代難堪，面子蕩然無存。只是貓世代對主管不留情面的指正與檢討，可不像犬世代會忍氣吞聲，而是在個人臉書、靠北網站上討拍訴苦，尋求網民聲援支持，維護自己的面子。這讓主管傻眼，心想對貓世代糾正幾句，便會遭到無預警反彈？可是對貓世代來說，他們在意的並非糾正本身，而是明明彼此就該平起平坐，偏偏對方以相對年長或輩分高的角度糾正，這種因為年紀、資歷產生的階級感，讓他們感受很差。

如何讓貓世代拉下臉認錯

回到阿光的問題：為什麼這些人寧可承諾無法兌現、影響個人信用，也不願意調整？很簡單，因為嚴肅的犬世代主管會用恐嚇，雞婆的主管會主動幫部屬掩蓋，無論哪一種，都不是部屬自己承諾的解決方法，只要不是他自己想做的，便不會打從內心就範，年輕部屬還是會繼續犯同樣的錯，主管便陷入為部屬擦屁股的惡性循環裡。

開始收拾善後之前，主管阿良得先想清楚：阿光的過度承諾，有沒有超過主管的權限？如果超過主管權限，主管願不願意幫他解決？我建議不要，主管一次又一次幫部屬遮掩過失，他們永遠學不會拿捏商業談判的分寸，繼續隨便給予允諾，對他們個人沒有幫助，日後更可能釀成重大損失，拖垮組織。這個後果正呼應日本經營之聖稻盛和夫的名言：「小善是大惡，大善似無情。」

換到職場上，稻盛和夫的意思便是，包容部屬的錯誤，未必是對部屬好，倒不如讓部屬從自己的過失當中學到教訓。要讓貓世代部屬記取教訓，同時把怨念降到最低，處理的方式如下：

第一招，與部屬一對一談，不當眾「打臉」。

人人都愛面子，主管與貓世代溝通時，一定私下講清楚，不要當眾揭穿。如果我是阿良，我會用溫和的語氣這麼說：「阿光你這樣做事讓我很為難，你答應廠商的承諾事後發現有困難，雖然我可以協助你，但最好業績如你所願，萬一業績不如預期，連我都幫不上忙。」

此時邊講，我會邊想他最在乎的是什麼——是扣薪水、被冷凍或降級。假設他最在乎的是被冷凍，我會接著說：「如果我把你的情況向副總報告，你有可能被調去負責冷門通路，甚至請你離職，你希望這樣的事發生嗎？如果不希望，你覺得我們可以怎麼解決？」

切忌不要動怒，事前先想好要講什麼，一對一的時候用委婉而堅定的語氣說清楚，讓對方理解事情的嚴重性。

第二招，誘導犯錯的部屬自己說出解方。

當主管問部屬「你希望怎麼解決？」，對方極可能會一直說「我不知道」。此時，當主管要變成跳針的唱盤，用委婉而堅定的語調重複問對方解決之道：「不行，你不能不知道，你不知道的話我很難幫你，你說出來我們一起共同解決。現在已經五點，如果五點半還沒有結論，我只能往上報，後果怎樣我就不能承擔。」接著就是比氣長，先開口的先輸，一定要忍到讓部屬先開口講出解決方法，他才會認分照著做。

第三招，部屬親口說的解決方法，要以白紙黑字做成紀錄，不能只是口頭約定。

時代進步，犬世代主管無法像早年要部屬寫下切結書畫押，保證說到做到，不過可用「會議紀錄」取代「書面證據」，紀錄裡清楚寫出部屬願意認錯，並且詳細列出解決部屬承諾的方式，同時還要註明，如果再犯，下次該如何處理。會議記錄列入紀錄備查之後，確認部屬這次願意改過自新，並且留有會議紀錄，主管可以幫部屬處理這次的承諾，下一次再犯，便根據會議紀錄來處理。

整個過程需要時間和耐心，由犬世代主管協同貓世代部屬，用對等的態度討論出解決之道，既顧及部屬的面子，也能取得雙方共識。若主管使用上對下的職權懲處部屬，讓貓世代部屬覺得沒有得到公平對待，心生不平，轉而尋求或儲存支持自己的證據，到網路上揭密踢爆，反而損及公司名譽。

我希望讓犬世代知道，貓世代重視平等的權利，用討論、對談取代傳統的命令才容易取得共識。我也想告訴貓世代，在職場還是需要犬世代主管的協助，可以少走點冤枉路。

跨世代交心攻略

如何與貓世代部屬對等溝通，破解他們愛面子不願認錯？

❶ 與部屬一對一談，不當眾「打臉」。

❷ 誘導犯錯的部屬自己說出解方。

❸ 部屬親口說的解決方法，要以白紙黑字做成紀錄，不能只是口頭約定。

6 不知感恩↓↑不是該互相幫忙？我感恩只是沒講

玉如是一家上市櫃公司的處長，最近面臨部屬遭人挖角的沮喪中。她的老部屬離開公司後轉戰其他同業，回過頭來挖以前的同事過去。玉如剛開始很不解：「為什麼不挖別處的人，都在挖我的人？」側面得知原來她帶的人被認為很好用，成了挖角的目標，但這並不是讓玉如心情沮喪的原因。

原來，這些被挖角的部屬，是玉如苦心栽培的新世代種子部隊，但他們離開的時候，沒有表達對她的感恩之情，甚至對新的主管說，現在之所以懂這些東西，大部分都是靠自己學習而來。玉如想起自己為了讓部屬迅速上手，主動帶他們開讀書會，還加班實地演練，手把手培養他們，他們還是毅然決然離開，先前的投入等於一場空。早知道就讓他們自己摸索、自生自滅，她不付出心力，也不會像現在這麼難過。

偏偏疫情過後，她被指派轉去帶業務部門，從原本帶十幾個要變成帶三、四十個人，然而身為業務的主管，卻更要能帶部屬的心，等於說要比之前更投入，才能帶得動。偏偏她現在對貓世代部屬的反應失望，一點心力都不想花，她問我她該怎麼辦？

河泉老師破框

聽完玉如的故事，大家一定滿肚子疑惑：為什麼不知感恩和這章的「講公平」主題有關係？

根據奧地利心理學家阿德勒（Alfred Adler）的說法，主管要能與部屬一起打拚，最根本的就是要有平等的互信關係，而平等的互信，並不是建立在口頭讚美或肯定，或者其他「對部屬好」的行為。阿德勒認為，無論是口頭上的稱讚、斥責或教導，甚至像玉如這樣用很多方法照顧、培育部屬，都是凸顯「上對下的關係」，而非「平等關係」，而主管透過這些看似好意的照顧、教導，其實帶有操控部屬的意圖，也隱含著「你其實不夠好」的假設，無法建立平等的互信。所以，玉如的部屬在離職時沒有感謝她，或許玉如先別急著失落，反而該想想，究竟過去對部屬做的，是基於平等的信任、讓他們感到鼓勵，還是覺得這是種上對下的說教，隱含的意思是「你覺得我很差」？玉如這麼渴望得到對方的感恩或感謝，從阿德勒的角度來看，她的付出並非為部屬好，而是為滿足自己的成就感。

感恩或感謝，指的是甲在乙身上得到讓自己成長或有利的收穫，所表達的回饋之意；最重要的是，必須自動發於內心。感恩或感謝有三種型態：一種是禮貌的感謝，甲未必感受到多大的好處，為配合當下的應對所做的禮貌性感謝，即所謂的「口惠」。二是立即的感謝，乙在當下幫助了甲，讓甲立刻感到好處，因此立刻對乙表達感謝，好比甲跌倒，乙馬上扶她起來。第三種是甲從乙身上得到的好處不是立即可見，必須等時間發酵，派上用場後，甲才能體會到原來乙教我的有更深遠的好處，因而打從心底感激。

貓世代從小在家與父母平起平坐，如今，他們任職於一家公司，當前輩主動指導時，他們不會覺得有必要，認為有需要會自己問，前輩主動指導反而會讓他們感覺自己很差。

再者，他們對前輩的指導，也可能解讀成是前輩做好職責所需，雙方只是扮演好自己的角色而已。無論哪個理由，他們都不需要特別向前輩道謝。但是從犬世代主管的觀點會認為，我在你身上投入那麼多心思，你還不感謝我嗎？就算是禮貌式的感謝也可以。

如何不在意部屬沒感謝你

但是，如果每個人都如此理性處事，天下就太平了，可惜並非如此。我曾在臉書貼文裡打過一個比方，假設我是園丁，某天有人從我的花圃經過，看到園中的玫瑰、百合很美麗，隨便就摘走幾朵，我會心痛。為什麼會心疼？因為我花了力氣和心思。只要你對一件事確實付出，面對失去，一定會心痛。你得先醫好你的心，才能繼續往前走。我對玉如說了三個觀念，幫她解套。

第一招，不要預設部屬會對你的付出有正面回應。

感謝或感恩，不是天生就會，需要後天學習。貓世代多數都用網路進行情緒表達和溝通，學習機會大幅減少，口頭上的即時感謝變得很陌生，無法口頭表達情感變成常態，不會感謝已經變成常態。未來碰到十個、四十個貓世代年輕人中，也許才只有三、四個因為有人教育他們要感恩，所以懂得感謝。犬世代主管要逆向思考，不要太在意這些沒表達感謝的人，反倒是哪天出現會感謝的部屬，要覺得很開心，因為你撿到寶了。

第二招，眼光放遠，當前沒有表達感謝的人，將來未必不會感恩。

當犬世代是部屬的時候，習慣即時感謝自己的主管，因此當他們變成主管後，對部屬的感謝也會有即時期待，希望他們要馬上有反應。只是，「讓人感謝你」這種事，又不是你能掌控的，嘴巴畢竟長在貓世代部屬的臉上，如果你把焦點放在對方有沒有表達謝意，其實是給自己找麻煩。受幫助的人沒有將感謝說出口，不代表他們沒有感覺。何不拉長時間來看呢？你投入的心力只要是真心為對方，假以時日一定會開花結果。當你過分執著於對方的回應，反倒成了阿德勒所說的「利用好意實行上對下的控制」。

第三招，持續對人付出，維持正向循環。

普遍來說，一個人會感謝或感恩，代表珍惜對他付出的人，除了用實際作為回報付出的人，也想在口頭上直接表達自己的謝意給對方，用肯定當事人的付出，讓正向念頭有所延續。沒有錯，你可以不感恩我，我可以不感恩你，彼此視彼此的付出為理所當然，但這極有可能變成彼此計較的惡性循環。反過來說，如果部屬和主管之間彼此感恩，一定會讓我們的善循環更強大，有更好的事發生。

對玉如來說，她在主管的角色之外，試著也擔任部屬的教練，關心部屬的公事與生活，雙方的關係更深，難免對部屬的回應感覺失落，覺得自己好心全部浪費，乾脆不要花心思。但是她接下來要接更大的部門，我建議不要放棄當教練的做法，因為管理本來就是沒有固定模式，就像做數學題，練習去做十題、一百題，越做越熟練，越能拿捏人與人之間的分寸。

跨世代交心攻略

如何面對貓世代部屬不知感恩：

❶ 不要預設部屬會對你的付出有正面回應。

❷ 眼光放遠，當前沒有表達感謝的人，將來未必不會感恩。

❸ 持續對人付出，維持正向循環。

結語——長大後的態度，就是小時候的教養

我曾經寫過一篇文章〈態度和教養〉，提出了一個觀察：「長大後的態度，都跟小時候的教養有關。」為了怕自己的觀察有誤，最近一年來幫年輕（大約二十五歲〔三十五歲〕）的主管上課時，我都會開玩笑問：「你們小時候有被爸媽修理過的請舉手？」幾乎所有年輕主管都舉了手。有的說被打手心，有的被打屁股，有的被罰面壁，有的抄寫文章，有的不准吃飯，有的被罰跪……。一時之間，課堂上充滿了童年各式各樣曾經被處罰的回憶（附註：我並不主張體罰，只是個課堂互動的簡單調查）。

通常聽完後，我都會問：「同學們請問一下，你之所以能夠這麼年輕就成為主管，是因為上面主管看重你的什麼？」

有的人回答「能力」，有的回答「專業」，有的回答「機運」，還有人的回答是「態度」。

「一般來說，」我接著問，「『能力、專業、機運、態度』，從高層的觀點來

看，各位覺得哪個比重可能最高？」

一年來大約請教了將近一千位同學，我得到最多的答案是「態度」。

我又問：「大家有沒有想過，你的態度為什麼得到上面肯定？是因為你自己的「天生麗質」呢？還是從小被父母或老師協助訓練而成？」年輕的主管們都笑了，幾乎一致的回答：「應該是被訓練而成。」我接著說：「那麼，同年齡的人未必能當上主管，你今天能夠有一點點地位，比別人受到更多被肯定的機會，你有沒有感謝過訓練自己的父母或老師？」年輕的主管們開始若有所思。

年輕人的「態度」從哪裡來？

在職場這麼多年，我真的發現「態度決定一切」。

過去的主管真的非常重視專業，但是近年來，卻慢慢更重視「態度」。許多高階主管甚至苦笑告訴我：「老師，我們發現專業不夠的新人，進來還可以訓練。但是態度，竟然無法訓練。」

然而「態度」究竟是什麼？

其實「態度」就是一種「具有正確價值觀的個人品牌」。一般有「做事態度」、「做人態度」、「工作態度」、「學習態度」。

所以我們會聽到某人：「做事態度」能抗壓堅持，「做人態度」懂感恩禮貌，「工作態度」能互助合作，「學習態度」能認真負責。

問題來了，這四種「抗壓堅持」、「感恩禮貌」、「互助合作」、「認真負責」態度，究竟該從什麼地方學到？

大家不妨看看下面四個案例：

一、「不管是念書或是打怪，每次碰到比較難的或者麻煩的，我就不想再做下去。可是爸媽都會陪著我，即使我哭鬧也當做沒聽到，他們還是很委婉而堅定的有耐性。」於是，爸媽教這個小朋友學會了「抗壓和堅持」，避免習慣「逃避放棄」。

二、「爸爸連續加班幾天，感覺回來都很疲倦，過去我從來沒發現，今天媽媽提醒我回來先去給爸爸一個擁抱，我才覺得爸爸很辛苦。」於是，爸媽教這個小朋友學會了「感恩和禮貌」，避免了「認為父母做的都是應該的」。

三、「我和爸爸、媽媽去大賣場買了三大袋東西，爸媽說我也是家庭的一分子，所以也要幫忙拿一小袋。」於是，爸媽教這個小朋友學會了團隊「互助合作」，避免了「這些又不是我的事」。

四、「今天功課沒有寫完，因為我覺得老師出得太難，但媽媽說碰到難題要練習解決，而且自己的功課一定要寫完才能睡覺。」於是，爸媽教這個小朋友學會了「自己認真負責」，避免了「習慣找藉口」。

用愛與紀律，建立孩子正確的價值觀

「態度」真的是從家庭的教養而來。

我所說的「教養」不一定是體罰，而是父母親在孩子成長的過程中，讓他們知道什麼是正確的行為和價值觀。請千萬記得「碰到就要教」，別因為疼惜孩子的「寬容」，慢慢變成不斷退讓底線的「縱容」。許多大人常常覺得年輕人不懂事，然而我卻發現讓年輕人不懂事的真正原因可能不在年輕人身上。

現在的孩子都非常聰明，從小就「不斷挑戰爸媽的底線」，父母最難訓練的教養，就是讓他知道「禮貌和尊重」。父母的愛絕對無庸置疑，但是父母的教養就像天平，一端當然是「愛」，但是另一端應該是「紀律」。這個紀律就是「自我要求」，包括「禮貌和尊重」。「禮貌」是讓自己懂得「知所進退，拿捏分寸」；「尊重」是讓他人感覺「謙虛客氣，感恩主動」。

教養是一輩子的事，也是父母無可迴避的天職。每個父母對子女都「費盡心思」，然而重點是要「費盡有幫助的心思」，才是對子女最大的造就。子女的成就，也才真的是父母最大的收穫。

別逼貓啃狗骨頭：
解破貓世代30個職場行為密碼，反骨員工也能變將才

作者	李河泉
商周集團執行長	郭奕伶
視覺顧問	陳栩椿
商業周刊出版部	
總編輯	余幸娟
特約編輯	單小懿
責任編輯	林淑鈴
封面設計	傅婉琪
內頁設計與排版	傅婉琪
封面攝影	陳宗怡
出版發行	城邦文化事業股份有限公司 - 商業周刊
地址	115020 台北市南港區昆陽街16號6樓 電話：(02)2505-6789 傳真：(02)2503-6399
讀者服務專線	(02)2510-8888
商周集團網站服務信箱	mailbox@bwnet.com.tw
劃撥帳號	50003033
戶名	英屬蓋曼群島商家庭傳媒股份有限公司城邦分公司
網站	網站 www.businessweekly.com.tw
香港發行所	城邦（香港）出版集團有限公司 香港灣仔駱克道193號東超商業中心1樓 電話：(852)25086231 傳真：(852)25789337 E-mail：hkcite@biznetvigator.com
製版印刷	中原造像股份有限公司
總經銷	聯合發行股份有限公司　電話：（02）2917-8022
初版1刷	2020年 9 月
初版11.5刷	2024年 5 月
定價	台幣400元
ISBN	978-986-5519-23-0（平裝）

國家圖書館出版品預行編目(CIP)資料

別逼貓啃狗骨頭：解破貓世代30個職場行為密碼，反骨員工也能變將才 / 李河泉 作. -- 1版. -- 臺北市：城邦商業周刊, 2020.09
256面；14.8 × 21公分
ISBN 978-986-5519-23-0（平裝）

1. 領導者 2. 組織管理 3. 職場成功法
494.21　　109014008

金商道

The positive thinker sees the invisible, feels the intangible, and achieves the impossible.

惟正向思考者，能察於未見，感於無形，達於人所不能。——佚名